U0285364

loving tea

爱茶

方 鹏程
|著|

高 莉瑛|摄影|

北京时代华文书局

图书在版编目（CIP）数据

爱茶 / 方鹏程著 . -- 北京 : 北京时代华文书局 ,2016.10
ISBN 978-7-5699-1152-7

Ⅰ . ①爱… Ⅱ . ①方… Ⅲ . ①茶文化－中国 Ⅳ . ① TS971.21

中国版本图书馆 CIP 数据核字 (2016) 第 216250 号

爱茶

AICHA

著　　者 | 方鹏程

出 版 人 | 王训海
选题策划 | 王　水
责任编辑 | 王　水
责任校对 | 尚　蕾　程　帅
装帧设计 | 安克晨　王艾迪
图片摄影 | 高莉瑛
责任印制 | 刘　银　范玉洁

出版发行 | 北京时代华文书局 http://www.bjsdsj.com.cn
北京市东城区安定门外大街 136 号皇城国际大厦 A 座 8 楼
邮编：100011　电话：010－64267955　64267677
印　　刷 | 北京卡乐富印刷有限公司　010-60200572
（如发现印装质量问题，请与印刷厂联系调换）
开　　本 | 710×1000mm　1/16
印　　张 | 20.5
字　　数 | 230 千字
版　　次 | 2017 年 3 月第 1 版　　2017 年 8 月第 3 次印刷
书　　号 | ISBN 978-7-5699-1152-7

定　　价 | 48. 00 元

爱茶序

灵山深处的一些树叶，经过能人炼制成茶，先让有道之士着迷，再使天下文人雅士、英雄豪杰、闺中明珠等红尘中人不能忘情，不禁让人想问：茶是何物，情是何物，直教人以一生相许？

爱茶，是千古雅事，万代真情。神农尝百草发现茶，周公尔雅广流传，有道三饮便觉悟，无心千杯也不醉。

自从陆羽学神农尝百茶，饮千水，行万里路，撰写出万世不朽的《茶经》，天下饮茶风气大开，文人雅士诗词赞颂，寺院高僧煮茶问禅，更使茶爱传过天山西域，有如甘露广泽人间。

千百年来，茶与人同行，茶与道同在。爱茶有理，茶爱有情。茶能养生，也能养心，三饮便能得道破烦恼，七杯浓茶让人两腋生风欲成仙，“清风一榻抵千金”，东坡饭后一杯茶，卧榻酣睡已知足，何必再问镜花水月？

种茶、制茶，是一种闲情乐趣。白居易种茶、苏东坡种茶、有道高僧也种茶。种茶好制茶，制得好茶要品茶，好茶要与好友分享，一杯薄茶，浓厚情义，深山草茶，传遍千里。

茶是南方嘉木，茶仔流传，巴蜀、云南、关中、江南、福广，四方并传好茶。考古证实，四千多年前，南方已有茶树、茶饼，凭谁问，谁是寿翁老茶？

人生有幸，走过四方，品饮好茶，看过好山好水，听过松风潮音，也是人生之至乐。忙中得闲，愿学陆羽撰写茶书，与君谈茶问道，或许同是爱茶人。

陆羽《茶经》能够出版，要感谢皎然相助。《爱茶》得以问世，也要感谢忘年小友王水相助，以及读者茶友支持。但愿爱茶满人间，茶爱处处圆。

方鹏程自序于台北听涛园

2016 年 7 月大暑之日

目 录
CONTENTS

一——茶缘

1. 问茶是何物

问茶是何物，竟然能让人一辈子与茶结缘，终身不移，这是何等的情缘？

茶是生活中的爱恋，一旦爱上了，早晚相聚，日夜不离。多少人为茶痴迷，多少文人为她疯狂，升华的感情，留下篇篇诗情画意。

茶的魅力，仙人知道，僧人知道，然后凡人也知道。茶的情性，神仙喜欢，高僧喜欢，超脱的文人雅士喜欢，闺女贵妇喜欢，市井中人也喜欢。

茶树长在深山人未识，茶仙茶人先得月，一朝选在君王侧，风靡天下，一茶难求。如今感念种茶人，难得好茶满天下，寒士高人尽欢颜，真是功德无量。

有茶不难，难在好茶难觅。好茶还须好水、好火、好器、好人、好时光来相配。凡人饮茶如饮水，茶是水，水是茶，只要解渴即可。仙人文士雅女品茶，贵在知茶，千里寻茶，万里访水，茶器名贵，柴火讲究，时地相宜，还要有好心情，真是得来不易。茶仙品茶，仿若天上人间，遨游太虚。

茶有情缘，人有情缘。相聚品茶，自是有缘。古来婚姻谈成，纳采以茶为聘，女家以茶待客。新娘端茶奉茶，男方答之以礼。原来茶有情缘，茶树枝叶繁茂，结子累累，茶叶芳香，历经焠炼，更得浓香。

人生处处有缘，觅得好茶，好比人生佳侣，三世情缘，快乐永结缘。

问茶是何物，直教人以一生相许。

2. 茶侣

夫妻对坐品茶，笑谈风月，天地为我侣，浑然忘我，这是何等的境界。

僧人对坐，默默喝茶，不言不语，口中有茶，心中无茶，忘我无他。这是否已达到超凡入圣的境界？

朋友对坐，品茶论茶，话说当年往事，也谈茶水，吟诗作乐，忘却凡尘，这也是一种乐趣。如果动了凡心，比茶斗胜，争得空名，又有何意思？

千山独行，看山看水，以天地为侣，路过茶馆，来一客好茶，茶味甘美，留在心头，喝罢三盅，挥挥手，再向前行，不曾带走一片云彩，潇洒云游。

情侣品茶，是否知味？茶中有缘，心中有情。茶水为媒，还得有心，才能常相回味。

年轻时喝茶，好像僧人独坐，不解其中滋味。后来有朋相聚，喝茶谈天，不以茶美为意。忽然遇见美娇娘，情侣品茶，七上八下，哪知茶中味？提亲之日，娇娘捧茶来见，真是有缘。下聘订婚之日，茶水甘甜，一再回味。结婚之喜，新娘奉茶，老夫欣然入醉。婚后喝茶，儿女同饮，一家同修，也是福气。老来夫妻对

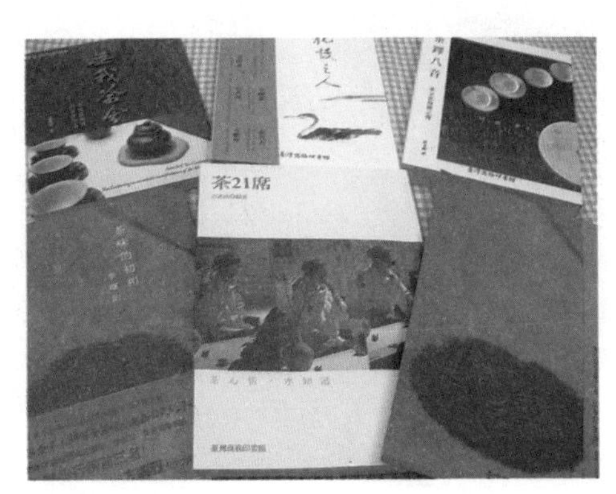

爱茶人的茶水情，尽在茶书中。（由北京华文书局与台湾商务印书馆出版）

坐品茶，真是人间仙境。原来我们已经历尽人世间的种种尘缘，生活犹如茶水，最是令人回味。

好茶、好菜、好朋友，会须一饮三百杯，谈诗谈茶、谈天说地，人生之至乐也。

茶有心，天地有情，一杯好茶，万里境界任遨游。（摄自鹿谷茶文化馆）

台湾鹿谷农会秘书林献堂，细说茶的故事。

朋友聊天喝茶，轻松愉快，气氛热烈。

朋友来访，殷殷献茶，千杯不醉。

3. 茶人有缘

好茶之人，可称茶人。三两好友品茶，主人亲手煮茶待客，殷殷奉茶，也是茶人，谦称事茶人。种茶之人，也是茶人，或称种茶人、茶农。采茶制茶之人，也是茶人，但称采茶人、制茶人。开店卖茶，文君当炉，相如招呼，不也是文人雅士，优雅茶人？

茶人的心谁知道？天知、地知，喝了就知道。李曙韵的《茶味的初相》（中文简体书名《茶味的初相》编者注。）说："茶人常常在茶汤里，品味到独与天地精神往来的杯中山川景象。"看来茶汤中自有天地山川啊。

在"人澹如菊"茶书院中，品尝了书院学员们点的好茶水，让我进入茶汤美学的大门。李曙韵老师亲身煮水点茶，从茶具茶盘、煮茶炉火、冲茶闷香，到点入茶杯，无一不是一种茶的美学展现。谈话以茶为主题，从茶叶品名、茶味浓淡甘苦、泡茶用水、冲茶火候、茶味掌握等，都是学问，还有古乐相伴，难怪他们动作优雅，心静如水。

李曙韵老师来自南方，一生以茶为职志，谈茶、品茶、访茶、教茶、写茶。在我这爱茶人的敦请下，终于写出一本茶书《茶味的初相》，在台湾商务印书馆和北京时代华文书局（《茶味的初相》）先后出版。

跟随李曙韵老师习茶的二十一位同学，也在新竹北埔茶人古武南的联系下，各自撰写学茶的机缘与心得，编出《茶 21 席》，提供给有心学茶的朋友们参考。如今《茶 21 席》已经在两岸分别出版。

在两岸从事茶学的，还有蔡荣章等人。蔡荣章曾是台北陆羽茶艺中心创办总经理，现任漳州科技职业学校茶文化系主任。从 1984 年起，蔡荣章写了好几本茶书，其中《现代茶道思想》《无我茶会》都在台湾商务和北京时代华文书局出版。

在马来西亚的海外世界，还有从事茶文化教学的许玉莲，她的《茶铎八音》已经由台湾商务印书馆和北京时代华文书局出版，致力发出茶文化复兴之声。后又在大陆出版《喝茶慢》等作品。

《耽慢之人》作者邵淑芬老师，玩茶、玩古乐，还玩茶器，还真是会玩。

爱茶人如我，竟然从品茶人、种茶人、制茶人，走到茶书出版人和推荐人，现在虽然已经从台湾商务印书馆退休，却开始走向陆羽的品茶写书之路，希望能成为茶书撰写人和推荐人。

谈茶、说茶、品茶、爱茶，看来我们都是古今茶文化的有缘人。

台湾鹿谷茶乡的年轻人，自小与茶结缘。

4. 茶痴

爱茶成痴，就是茶痴。如果爱书成痴是雅事，那么，爱茶成痴也是一种雅事，这或许是一辈子修来的福气吧。

茶痴有两种，一种是什么茶都喝，只要是茶，张口就喝。另一种是非常注意喝茶的美学，不是好茶不喝，不是好茶器不用，不是好水不拿来泡茶，不是好朋友不一起喝茶，甚至不是好地方也不喝。还有人专情于一种茶，别的茶都不喝。

普通人喝茶，像瀑布迅速冲下万丈深渊，慨然下肚，解了渴，必然满足，这不就是知足常乐吗?

文人雅士喝茶，讲究诗情画意，王羲之的曲水流觞，杯子里装的是酒。后来有人仿照曲水流觞的雅集，杯子里装的是茶水，每一杯都是来自各地的好茶，如果说得出茶的名称，那就是真正的爱茶人。

一般的文人雅集，不会有曲水流觞，只有几杯好茶，大家品赏，说不定还会写诗撰文，纪念这样的雅事。

淑女贵妇品茶，讲究气氛，有像文人雅士的雅集，也有定期聚会来喝下午茶，聊是非。茶会的层次，随人所好，更高雅的，还要用花草竹梅布置茶会的气氛，甚至还有雅乐伴奏，务必让人不醉不归。

下午茶式的茶会，容易达成。优雅茶室、古乐悠扬、事茶人殷勤点茶的聚会难求。如果不是已经与茶结了不解之缘，怎么会如此讲究呢?

英国的下午茶，杯中可以加入牛奶，搭配甜点，在路边茶座享受一个悠闲的下午。

5.《红楼梦》的茶缘

《红楼梦》里的妙玉，真是一位爱茶人，对茶汤的讲究，让人佩服。

《红楼梦》第四十一回描写“栊翠庵茶品梅花雪”，说的是妙玉的茶道美学。妙玉原是苏州的官宦人家之女，父母早逝，家道中落，三岁出家，带发修行。师父去世后，受邀进入荣国府，在大观园的栊翠庵居住。第四十一回写到贾母宴请刘姥姥，带她到栊翠庵走走，妙玉赶紧烹茶待客。

贾宝玉特别注意妙玉是如何烹茶行事的。文里说，只见妙玉亲自捧了一个海棠花式雕漆填金云龙献寿的小茶盘，里面放一个成窑五彩小盖盅，捧与贾母。其他人用的都是一色的官窑脱胎填白盖碗。

贾母说：“我不吃六安茶。”

妙玉笑着说，知道，这是老君眉。

贾母又问：“这是什么水？”

妙玉笑着回答说：“是旧年蠲（滤除）的雨水。”

贾母吃了半杯，剩下的半杯，刘姥姥一口就喝光了，还说茶再浓一些就好了。

妙玉悄悄地拉了薛宝钗和林黛玉的衣襟，两人会意，随着妙玉进去耳房（正房两旁的房屋），贾宝玉也跟来了。看见妙玉向着风炉，扇滚了水，另泡一壶茶，宝玉笑说：“偏你们吃梯己茶呢（体己茶）。”

妙玉另外拿了两个杯子，其中一个是有一个耳，杯上写着“晋王恺珍玩”，还有一行字是“宋元丰五年四月眉山苏轼见于秘府”。另一个杯子形状似钵，但较小，上面也写了篆书。看来这两个杯子都是古玩奇珍。

妙玉给宝玉的杯子是自己日常用的绿玉斗。宝玉开玩笑说那绿玉斗是俗器，妙玉另外找出一个九曲十环一百二十节蟠虬整雕竹根大杯，像一个大茶海。妙玉笑宝玉，想喝大杯的是糟蹋了茶。

妙玉说：“一杯为品，两杯即是解渴的蠢物，三杯便是饮牛饮骡了。”可见品茶不能用大杯子喝，大杯喝茶虽然有豪气，却像牛饮不雅。

林黛玉以为这壶茶泡的也是旧年的雨水，妙玉笑她是大俗人，连水也尝不出来。原来那是五年前妙玉住在玄墓蟠香寺时，收得梅花上的雪，藏在瓮中，埋在地下五年，这是第二次取出雪水来泡茶。

看来妙玉对烹茶的水、点茶的杯子，以及选用的茶叶，是多么的讲究。茶叶、水、火和茶具，都是品茶美学的重点，但最重要的是人。懂得品茶的人在一起，自然觉得茶香有味。不喜欢喝茶的人，即使给他最好的茶水，也是一种水厄灾难吧。

《红楼梦》有许多茶缘的故事。

6. 曹雪芹是茶痴？

《红楼梦》是清朝初年的文人曹雪芹写的，历经后人删改增添、重编加注，才有今天的各种版本。

曹雪芹在《红楼梦》中，详细刻画了各种场合喝的茶、喝茶的时机、茶点、个人喜好、茶器、茶具，以及茶诗等，搭配诗酒美食、琴棋书画，成为一种生活美学。

如果曹雪芹不是对茶事很了解，他是无法写出这样的茶道美学的。因此，可以推崇曹雪芹也是一位茶痴吧。

曹雪芹笔下的贾母，为何不喝六安茶？是否因为贾府经常喝六安茶？还是六安茶不符合贾母的口味？或是因为老君眉对老人家的肠胃比较适合？六安茶产自哪里？老君眉是什么茶？哪里出产的？这些都是值得仔细推敲的。说不定贾母也是一位独好老君眉的茶痴呢。

7. 方道人也是茶痴

在下方道人，因为年轻时有志于道，偶得贵人传授《鬼谷子》，读通《鬼谷子》全书之后，爱学鬼谷子采茶喝茶修身，最后自己种茶、采茶、做茶。喝起自己做的茶后，觉得飘飘欲仙，因此自称“方道人”。

方道人不忍茶道绝学后继无人，决定一一写出种茶、采茶、制茶与喝茶的奥妙，与众家同好分享，何妨听我慢慢道来。

《红楼梦》第一回开宗明义说：“满纸荒唐言，一把辛酸泪；都云作者痴，谁解其中味？”

陆羽茶痴，首先写出《茶经》，真是“都云作者痴，谁解其中味”？

二 湾潭种茶记

1. 湾潭结缘

湾潭位于新店碧潭的旁边，三面有新店溪环绕，群山环抱，东有乌来群峰，南有狮子山，西有湾潭山，北有和美山，堪称山明水秀，人烟稀少，世外桃源。

湾潭开发较晚，湾潭路穿过其中，两旁是茂密竹林和砖茅小屋，居民以种绿竹笋维生，生活简朴单纯。路底有海会寺，钟声、诵经声与水声、风声相伴。晨昏漫步其中，恍若回到桃花源。

湾潭结缘是天意

能与湾潭结缘，或许是天意。一九六〇年代就读木栅政治大学新闻系时，常与班上同学到碧潭划船喝茶。舍舟登岸后，走过湾潭小路，竹林小径，到海会寺看山看水，生活好快乐。大学三年级时，到《联合报》实习三个月，奉派到新店采访地方新闻，每天走在大街小巷、山间水旁，觅取新闻，湾潭山上也曾经走过。

年轻时，担任台湾“中央社”记者，闲暇也曾与内人到碧潭泛舟，水岸品茶，笑看群峰戏水。后来小姨子乘轿渡水，出嫁到湾潭积善人家，我们也跟着和湾潭结了不解的尘缘。

一九九〇年代，担任“中央社”驻菲律宾特派员五年。旅菲归来，再度外放已成空，遂想要寻找一处农园，作为日后劳动筋骨、优雅度日的地方，湾潭是最好的世外桃源。

开山辟地，筚路蓝缕，搭盖小木屋一间以避烈日风雨，整地种菜，东篱种菊，挖塘种荷，挥汗如雨。仰头看山，转头看水，新店溪就在眼前。此情此景，正如孩童所唱的：“我家门前有小河，后面有山坡，山坡上面野花多，野花红似火。小河里，有白鹅，鹅儿戏绿波，戏弄绿波，鹅儿快乐，昂头唱情歌。”

还有一首歌说：“看那边青山绿水，风景真如画。一湾流水、几枝野花，围成竹篱笆。篱笆里，矮茅屋，就是我的家。”湾潭竹园确实就有这样的写照。

倾听百涛总相宜

竹园有绿竹，屋前有草地，四周竹篱有野菊。风吹竹林动，竹声风声相和鸣。新店溪水匆匆，水涛潺潺。晚来海会寺钟声划破湾潭的宁静，虫声鸟声悠扬起落。驻足园中，倾听百涛，好似仙乐飘飘。山岚夜雾朦胧，比拟太虚幻境。山人诗兴大发，遂将此园命名为“听涛园”。

记得当年茶仙陆羽曾经在顾渚山等地自己种茶，过着与世无争的快乐生活。我们既然喜欢品茶，何不自己种茶呢？

与茶结缘，历经数十年。祖母喜欢喝茶，早年住在台南水仙宫附近，专喝水仙。每天早上起床，先泡一壶水仙，喝完再加水放在桌上，随时可以倒茶来喝。当年只是跟着祖母喝茶，不问茶汤好坏，只要有茶喝就很满足。后来迁居台北，改喝清茶。就读大学，学校位于以生产铁观音著名的木栅，张协兴老茶行就在学校对面，焉有不喝铁观音的道理？

进入社会后，担任记者，与社会各界、产官道学、五湖四海的朋友都有接触，不分端来的什么茶，都得喝。后来进入海基会工作十年，参与两岸交流，也在两岸喝了许多有名的好茶。从海基会退休后，内人跟着陶艺吕老师学陶。

种茶、品茶、画听涛，享受湾潭乡村的宁静与美丽。

梦中的听涛园，有山、有水，有如人间仙境。（张赛乡画）

吕老师从云南西双版纳访问茶农归来，带来许多普洱好茶，我们也分了几片。烧窑的夜晚，铁壶泡煮普洱，味道香浓甘甜，何似在人间。

画中的听涛园，一片绿意，茶树在围篱四周遮荫处。（高莉瑛画）

2. 仿效陆羽来种茶

天下好茶淡茶都喝过了，好像还缺少了什么。一九九〇年代，台湾尚未流行种植不洒农药的有机茶，我们却想效法陆羽自己种茶来喝看看。当个现代陆羽又何妨？

我们前往木栅猫空喝茶，问得购买茶苗的门道，找到专卖茶苗的茶农，购买了 100 棵。当时以为茶苗连土带盆会很重，事实上并非如此，茶苗无土有根，高约一尺，100 棵茶苗只手可提，实在顺利如意。

木栅专做铁观音，茶种应属铁观音。但是，当时不懂茶，有得种就可以，以为买到木栅的铁观音茶树，将来做出来就是铁观音茶，其实还有很大的差别与变化。

买到茶苗，立刻种在屋前草皮的边缘，每隔半尺种一棵，排列成一行，一点也不壮观。湾潭没有自来水，只有从地下抽出的井水，我们要到一百米外的土地公庙去取水来浇灌，一个星期才浇水一次，居然长得很好。

一年后，茶树长高一倍，枝叶横张，彼此都牵在一起了。这样下去一定会挤得喘不过气来，也会挡住我们看山看水的视线，非让茶树搬家不可。

茶乃嘉木志不移

我想起明朝末年编写《群芳谱》的王象晋，他在《茶谱小序》中说，茶是嘉木，

一旦种植，就不能再移植，象征“从一而终”，所以婚礼下聘用茶，有白头偕老之意。（陆廷灿《续茶经》第一篇《茶之源》）

王象晋说的是大棵茶树吧？大棵茶树已经根深柢固，一旦移植，必然伤根，可能就日益枯萎了。小棵茶苗才从茶农手中搬来，种了一年，虽然已经长大一倍，应该还可以移植吧。

于是，茶树分散到园内四周了，有些种在篱笆边，有些种在竹荫下，还有些是暴露在太阳下，各种状况都有。由于搬迁移动，有些茶苗就枯萎不见了，剩下四五十棵存活到现在。究竟是“不听老人言，后悔在眼前”，还是移植的技术不够好，只有来日再考证了。

烂石栎土分高低

据说，茶树以生长在烂石头中者最好，其次是生长在栎石土堆中，最差的是生长在黄土里。这就是茶仙陆羽在《茶经》所说的：“其地，上者生烂石，中者生栎壤，下者生黄土。”栎壤是含有很多石头的砾壤？或者是指原始森林中含有很多树叶腐殖土的栎壤？

听涛园邻近新店溪，早年是河川冲积形成的台地，底下是一堆大大小小的石头，上面是一层冲积土，排水良好，应该就是栎壤吧。

有了好土，不一定就会有好茶。好茶要靠好的制作技巧，才能把茶叶制做成绝妙好茶。要制作好茶，需要看一堆茶书，实际尝试制作，不断改进，才能做出让自己满意的好茶。

3. 爱茶恰似贾宝玉

陆羽说，三岁可采。没错，经过三年，茶树长高到两三尺了，枝叶繁茂，不采可惜。可是，采了以后，怎样做才能变成好喝的茶叶？

采茶有一定的规矩，晴天阳光普照可以采，露珠未干不能采，阴雨绵绵不能采，下大雨当然更不能采。还有，心不诚、意不正，不可以采。

不知是谁说的，茶树有灵性，要真心对她好，经常看她、说她，和她讲话，关心她，帮她抓痒、抓虫，最好唱歌给她听，茶叶才会长得好。

这不成了贾宝玉，一天到晚与她为伍？贾宝玉爱护林妹妹，也爱护其他的女孩儿。种茶的人要像贾宝玉那样天天与茶为伴，这是正常的。采茶姑娘一边采茶一边唱山歌，不就是唱歌给茶树听吗？在茶树跟前说说话，吐吐气，是给她二氧化碳，茶树吸收了二氧化碳，才能放出芬多精给你吸。帮她抓虫，是避免被茶虫吃光了叶子。一枝只采顶端的一心两叶，是怕伤了茶树的筋骨。有些甚至只采一心一叶，那就更像贾宝玉了。

云贵高原采茶，还真的是要唱采茶歌耶。一到了春天，茶山可热闹了，歌声此起彼落，唱给茶听、唱给人听哪。茶有情，人也有情啊，所以不知不觉就唱起来了。湖北神农架地区流行一首山歌说：“茶树本是神农栽，朵朵白花叶间开。栽时不畏云和雾，长时不怕风雨来。嫩叶做茶解百毒，家家户户都喜爱。”

客家文化不但有采茶歌，还有采茶戏。据说创作客家采茶歌的是曾经在唐明皇宫中担任歌舞教练的雷光华。他因故归隐到江西福建交界的山区，隐姓埋名，种茶为生，闲暇时编了采茶歌，流传到现在。不过，客家采茶歌的歌词是可以随机改变的，在两人对唱中唱出戏谑或感动。

采茶做茶分四季

采茶季节可分春、夏、秋、冬。春三月，茶树开始长芽了，春意大发，春茶也迅速展开。大量种茶的人，要连采好几天，才能把春茶采完。小农似我，只有四五十棵，春茶量少时，每周采一次，每次只有一两多。春茶怒发时，两天采一次，每次却有两三两。小意思、小意思，玩茶而已，贵精不贵多。

冬天茶树会开白色的小花，有时候也会结成茶子。

夏天温度高，茶长得特别快。因此，夏茶的味道比较淡薄，适合喜欢淡泊明志的人喝。秋天天气转凉，茶叶不会变红，还是绿得那么可爱，让人舍不得采。可是，舍得，舍得，有“舍”才有“得”，还是采了吧。

秋冬之间，茶树要修剪，保持生机，来春才会长满新芽。

冬天天气转凉，老鼠青蛙都跑去冬眠了，茶树也要开花冬眠了。在冬眠之前，还会冒出一些最后的小茶叶，那就是冬茶了，很珍贵的呀。

茶农也真是忙呀，从三月底忙到十月底或十一月初，要采茶、做茶，还要喝茶，究竟是为谁辛苦为谁忙呀？

春天的听涛园，山樱花盛开，茶树正要开始长新芽。

赏荷、画荷、品茶，廊下消暑，是夏天的乐趣。

秋天枫叶红了，11 月采完秋茶，要等来年 4 月再采春茶。

4. 采茶山歌表衷情

台湾爱茶人古武南，在他编写的《茶 21 席》一书中，收录了一首清光绪年间景东郡守黄炳撰写的《采茶曲》，将一年与茶有关的事，都写了下来，这是最清楚的采茶歌。黄炳说：

正月采茶未有茶
村姑一队颜如花
秋千战罢头春酒
醉倒胡麻抱琵琶

二月采茶茶叶尖
未堪劳动玉纤纤
东风骀荡春如海
怕有余寒不卷窗

三月采茶茶叶香
清明过了雨前忙
大姑小姑入山去
不怕山高村路长

四月采茶茶色深
色深味厚耐思寻
千枝万叶都同样
难得个人不变心

五月采茶茶叶新
新茶远不及头春
后茶那比前茶好
头茶须问采茶人

六月采茶茶叶粗
采茶大费捡功夫
问他浓淡茶中味
可似檀郎心事无

七月采茶茶二春
秋风时节负芳辰
采茶争似饮茶易
莫忘采茶人苦辛

八月采茶茶味淡
每于淡处见真情
浓时领取淡中趣
始识侬心如许清

九月采茶茶叶疏
眼前风景忆当初
秋娘莫便伤憔悴
多少春花总不如

十月采茶茶更稀
老茶每与嫩茶肥
织缣不如织素好
检点女儿箱内衣

冬月采茶茶叶凋
朔风昨夜又今朝
为谁早起采茶去
负却兰房寒月霄

听涛园中，莲花四季开，不觉入画来。（高莉瑛水彩画）

写得真好啊，完全把茶山姑娘一年采茶的心情、茶叶浓淡、心情冷暖，都表现出来了。不才如我，心有挂碍，除了种茶，还要种荷、赏荷、挖竹笋。为了品茶，还要自己盖窑揉土、制作陶瓷茶具。采茶制茶时节已经够忙了，总要拨出时间去游山玩水找乐趣，还要邀请亲朋好友来品茶赏花吃螃蟹，写诗唱山歌，生活充满了乐趣。

冬天的听涛园种萝卜，过年吃火锅，好暖和。

5. 竹园四季唱山歌

有一年，不才模仿客家褒歌（互相褒贬逗趣诉衷情的山歌），写了一首《竹园四季歌》，可以用山歌来唱。歌词如下：

正月梅李茶花开
萝卜茼蒿虫真爱
除夕草山赏樱花
春节竹园喜年来

二月天寒吃火锅
现拔青菜大萝卜
热气腾腾好暖和
廊下喝茶学东坡

三月茶树展新芽
蝴蝶蛇蛙在水涯
柚花清香桃花红
精神抖擞迎春茶

四月清明雨纷纷
采茶培竹声相闻
农夫辛苦谁来问
大地有情茶与笋

五月荷叶已田田
茶叶好喝笑容甜
水中游鱼半神仙
翩翩蝴蝶乐翻天

六月端午念屈原
包粽飘香满竹园
诗人感叹荷花艳
品茶赏花风月缘

七月炎炎茶小眠
挖罢竹笋树下闲
清风徐来睡梦甜
莫管尘世是何年

八月中秋茶淡泊
团圆赏月人长寿
山明水秀逍遥游
湾潭美景真清幽

九月重阳茶味好
秋茶堪采香气高
走过名山品茶汤
还是竹园水不老

十月深秋天气凉
茶叶少采夜不香
金针花开枫叶红
快种萝卜莫徜徉

十一月初菊花开
螃蟹美味难忘怀
泡茶溪水山上来
碧潭秋色情意在

十二月底茶已老
虫蛇冬眠梅含苞
整理竹园再烧窑
泡茶读书学黄老

一味种茶很无趣，每天看着茶树论短长，晒茶萎凋做茶忙，不如再种荷与笋，还有荷花可欣赏，也有竹笋可佐餐。不过，这是浪漫文人的想法，希望生活有变化。真正的茶农，必然专心种茶，而且要种出好茶来，让天下茶仙尽欢颜。

6. 种茶玩茶寻乐趣

种茶、采茶，还要会制茶。

茶叶要经过萎凋、炒茶、揉茶、烘茶等阶段，每一阶段都要细心处理，才能做出自己满意的好茶。

在下不才，年轻时像茶仙陆羽一样有志于道，所以自称“方道人”。念高中时，要学孔孟之道，可惜没有考上台大中文系，却考上第二志愿政大新闻系，学的是新闻记者“为民喉舌”之道。就读研究所时，有异人传授《鬼谷子》，因此走上研究鬼谷子、苏秦、张仪的合纵连横之道。退休之后，想学庄子、鬼谷子逍遥游，竟然有志于“茶道”“花道”，与“生活美学”之道。如此说来，还跟茶仙陆羽有点像啊。

陆羽自己种茶、做茶，甚至烧制茶具、游山玩水去评水。方道人也是如此，不过没有走过大江南北去找水，因为现代的江水不能喝了，游客太多，水太肥。

方道人自己做的茶，非常俭朴实用，不需很多道具，完全遵照古人的做法，不喷农药、不施肥、不浇水、不抓小绿蝉，纯用双手炒茶、揉茶、发酵，再用烘碗机慢火细烤，最后像神农大帝一样一再品茶，改变制作细节，终于做出足以比美陆羽顾渚山茶的天下第一好茶。我现在可以体会陆羽为何会说顾渚山茶是天下第一好茶，因为是他自己种、自己采、自己制造的茶，喝起来顺口，回味无穷啊。

自己种茶二三十年，回想起来，还真有些值得分享的乐趣。

人间四月采茶天

四月春天来了，万物都在心动，樱花开过了，春茶已经迫不及待地长满了芽包，天气忽冷忽热， 一夜之间，忽然新叶都冒出来了。

四月一日第一次采茶，算是最早的了。去年到清明节才采到第一批的春茶，前年更晚。平常在坪林制茶的水果商，昨天告诉我们，坪林的春茶已经开采了，你们还没开始采茶吗？

昨天天气忽冷忽热，气象报告说，要下降 13℃，怎么能采茶？难道要第一次的春茶冷得直发抖？至少要 20℃，才能够发酵做出好茶吧？

在下才疏学浅，自己无师自通懂得做茶，已有两年的工夫，每年大概可以做出一斤茶，比淘沙提炼黄金还多，可说是无价之宝的绿金，喝起来甘甜美味，更是不在话下。曾经有一次要泡给别人喝，没说是自己做、自己给奖的特优好茶，人家还不懂得喝哪。从此，好茶先请自己喝，甘苦酸甜自己享受。

茶叶很容易种，只要摘下一小枝，插在花盆里，就会长出新叶来。要买茶苗，可以去木栅找茶农买，好心的茶农也许会分几棵给你，十年后就有自己种的好茶喝了。十年太久了？我种了二十年才开始采茶，如果第二年就采茶，那岂不剩下一根干干的茶枝？

舍得，舍得，有“舍”才有“得”，等待十年也是一种乐趣呀。

茶人生活这样忙

过了清明，天气日趋温暖，茶叶新芽已长成，梅子忽然都变黄了，桑椹一夜之间红得发紫，我们的生活也跟着转动起来。

采下紫红的桑椹，边采边吃，又酸又甜，满口生津。感谢老天的赐予，让我们采得一篮子的桑椹果。略加洗净，加点梅子粉，放在火炉上慢火细炖，煮烂了再加点洋菜，不就成了可口的桑椹果冻吗？

茶叶采摘后，放在室内萎凋，阵阵茶香扑鼻，真是一种难得的享受。晚饭过后，眼看茶叶已经柔软了，立即放到砂锅中，大火翻炒，文火收尾，香气满室，然后开始用双手揉茶，茶汁满手，茶叶成团，然后静待发酵，等第二天发酵完成，再用烘碗机慢慢烘干，具有自我特色的乌龙茶就完成了。

梅子成熟时，用盐水浸泡晒干，加糖入瓮，密封三个月，梅子发酵成熟，加点紫苏再腌，每餐一粒紫苏梅，真是人间美味。

葡萄不是自己种的，只是因为嘴馋，从菜市场买了两串葡萄，不加糖浸泡，据说三个月后会变成葡萄美酒，所以就试试看 。结果还真是葡萄美酒，熏得旁人醉啊。

美丽的星期天，从早忙到晚，都是为了自己做美食，我们是不是又回到无忧无虑的童年了？

茶人生活的艺术

年过半百以后，开始注意生活的艺术，日子要过得优雅，饮食要健康，所以也就多读了几本生活艺术的书籍。

为了要自己做茶，我仔细研究《茶树栽培与茶叶初制》（刘熙编著，台湾五洲出版社，1985），竟然让我摸索出揉炒乌龙茶的方法。自己做茶，喝起来有自己汗水的甘甜味道。

这几年来流行自己做面包，我们异想天开，用砖块围了一个面包窑，像当年堆土窑烤地瓜一样（烤窑），然后自己揉面粉，自己做面包。一开始很不好吃，好像没有烤熟，那时就买了一本《我家也是面包店》（藤田千秋著，台北东贩出版社，2011）来看。原来揉面也是一种艺术，要经过两次发酵，还要做好内馅，不能有汁，否则肉包子会包不起来，真是处处有诀窍。

生活中偷闲喝一杯咖啡，也是一种享受，卡布奇诺、拿铁，都有特别的风味。可是，种了几棵咖啡，收成了几粒咖啡种子，要怎样烘烤成真正的咖啡呢？

日前在厦门外图书城，找到一本《咖啡品鉴大全》（田口护著，辽宁科技出版社，2009），终于了解咖啡的制造烘焙过程。原来烘焙不够，咖啡比较酸，烘烤过熟，咖啡有苦味，所以要调配不同的咖啡，才会形成不同的风味。曼特宁是苏门答腊的特产品种，摩卡是也门的品种，哥伦比亚、古巴、海地，都有优良的产品。好喝的咖啡，与个人的口味有关，我喜欢的拿铁，是加了鲜奶的啦，卡布奇诺加了肉桂粉，只要合乎口味，就是好咖啡吧。

茶与咖啡，都可以调配。每一次做茶，品味都不一样。这是由于气候、当日温度、萎凋多久、发酵度如何、烘茶的程度，样样都影响茶叶的质量。所以每一次做出新茶，品尝起来，都有不同的乐趣。

原来茶人的生活也可以这么有趣，难怪陆羽连“太子文学”的官都不想当，如何逍遥自在，这就需要自己去体会了。

三 绝妙好茶

1. 天地有好茶

在我们欣然品茶的时候，不知是否有人会想到“茶从哪里来”？竟然如此美味，好茶只应天上有，人间哪得几回尝？

茶，是天地的精华，是大自然的恩赐，但也得有人把她从天上带下来，让茶仙女降下凡尘，长在远离人烟的山中仙境吧？究竟是谁发现了仙境中的茶仙子？

大家都说是那位脸黑黑、喜欢乱吃草的“神农氏”。

神农找到好茶

原来神农大帝处在距今五千多年前的新石器蛮荒时代。汉武帝时代司马迁写《史记》，是从公元前2674年的黄帝写起，唐玄宗时代的司马贞认为，黄帝之前还有许多帝王，包括历来传说的三皇：发明八卦的伏羲氏、教人用火的燧人氏，还有教老百姓农耕、尝百草找到茶叶的神农氏，都是距今五千多年前的事。

据说上古神农氏尝百草，发现茶叶能解毒，从此茶叶成为药草与饮料。不知神农氏的长相是否如此？

茶是天地的精华，也是老天赐予的茶仙子，使人活力充沛，精神振奋。

神农大帝是历史上第一个找茶、喝茶、爱茶的人，应该被尊称为“茶圣”。关于神农尝百草中毒，找到茶叶来解毒的事迹，有许多不同的说法。

最早写茶书的是“茶仙”陆羽。他写的《茶经》第六章《茶之饮》开头就说：“茶之为饮，发乎神农氏，闻于鲁周公，齐有晏婴，汉有扬雄、司马相如……”，以下列出许多爱喝茶的历史名人，此处暂且不表。

鲁周公将饮茶发扬光大

陆羽说，神农是最早饮茶的人，到鲁周公时发扬光大，流传于世。春秋时代齐国宰相晏婴也与茶有关，经查资料说是晏婴吃饭的时候，有肉，有炒蛋，有青菜，还有茶饮。看来神农大帝真是喝茶的始祖啊。

神农不只喝茶，据说是他最先发现茶有解毒、提神、助消化的效果的。约在公元前 250—公元前 200 年（战国末期）成书的《神农本草经》说：“神农尝百草，日遇七十二毒，得茶而解之。”

神农大帝教百姓耕种，开始进入农业社会，有米麦，有青菜，有养鸡生蛋，但吃五谷的总是会生病啊。所以神农大帝又自己去尝试各种草木，找出可以治病的药草，这样乱吃草，难免会中毒，后来神农发现喝茶可以解毒，也可以提神醒脑，还可以帮助消化，茶也很甘甜，所以就自己天天喝茶了，他还叫大家也来喝茶。

考古发现五千年老茶树

《神农本草经》没有说，神农是怎样发现茶的。有资料说，神农养了一只会吃草辨毒的獐狮（神狗？）替神农尝百草。有一天吃到茶叶，獐狮样子很兴奋，笑呵呵，状至愉快。神农察觉有异，自己也把茶叶拿来吃，果然甘甜无比，吃了还想再吃，就用来煮茶喝，从此神农这一族就会喝茶了。

神农氏出生于湖北烈山，现为厉山镇，附近的神农架有神农氏的遗迹，在夕阳时分显得山峦迭起，神采奕奕。

还有一说，说神农是在偶然的机会才喝到茶的。一位印度出生成长的医生乔布拉（Deepak Chopra），1984 年将印度草药学介绍到美国，引起一阵旋风。他写了一本《草药圣典》（*The Chopra Center Herbal Handbook*，林静华译，台湾远流出版公司，2001），提到茶的医疗价值是帮助消化、治疗感染、舒缓病痛、消除疲劳。他并推崇中国的神农是人类第一次以植物泡茶。他不知根据什么资料说，有一天，神农氏和他的随从停下来，想要用些点心，正在烧开水时，旁边一丛灌木林的叶子，偶然飘落在滚烫的热水中，神农氏觉得很好喝，从此就发现茶的美味，也爱上泡茶了。

方道人种茶二三十年，没听说绿油油的茶叶可以直接拿来煮茶喝，倒是试验过茶叶摘下来后，放在口袋里温暖个十分钟，茶香已扑鼻，再放在口中咀嚼，颇有茶香与甘味。所以茶叶飘落到滚水里，是不是也有烫熟发酵的效果呢？下一次要来实验证实一下。

神农大帝出生于湖北随州北方的烈山，活跃于五千年前的中国中原地区及南方大地。陆羽说，茶是南方的嘉木。既然神农氏时代已经有野生的茶树，可能是他尝百草时找到茶叶，因而发现茶的绝妙好喝。也有可能是他的族人或南方的民众，知道他在尝百草，特地将茶叶奉献给他品尝。当然，茶叶偶然飘落到滚水中的可能性也是有的。

烈山今属厉山镇，山中有神农洞，据说是“神农故居”。湖北西部有山名“神农架”，据说是神农当年种茶的地方。当地有山歌为证：“茶树本是神农栽，朵朵白花叶间开；栽时不畏云和露，长时不怕风雨来。嫩叶做茶解百毒，家家户户都喜爱。”

壶形陶器用来泡茶?

神农时代也会用茶壶泡茶?

2009 年 1 月 12 日《温州日报》报道，浙江余姚田螺山遗址发现了 5000 多年前人工种植的古茶树树根、还有壶形陶器。这就证明了浙江地区在5000多年前，已经懂得人工种植茶树，也已经会泡茶品茶了。

根据报道，1939年植物学家已经在贵州发现7米高的野茶树，此后陆续在贵州、四川、云南的山区发现 30 米上下的千年野茶树，从而推断几千年前，四川、云贵等地已经普遍生长茶树了。

今天云南西双版纳地区，还有摘取野生茶树的叶子来做普洱茶的习惯，想必是古代流传下来的传统制作法。野生茶树不够采，人们当然会想办法用茶树种子去种茶，或者用插枝法大量繁殖，中国的茶树就愈来愈多了，甚至还移植到日本、东南亚等地。

看来，神农大帝除了可尊称为“茶圣”之外，还真的可尊称为“茶祖神农”啊。

2. 绝妙好茶在何方？

绝妙好茶，要长在特别的风土里，要懂得在最美好的季节采摘，要有高超的制茶技术，还要有好山、好水、好火、好茶具、绝妙的泡茶人，以及懂得品茶的绝妙好友，才能喝出绝妙好茶来。

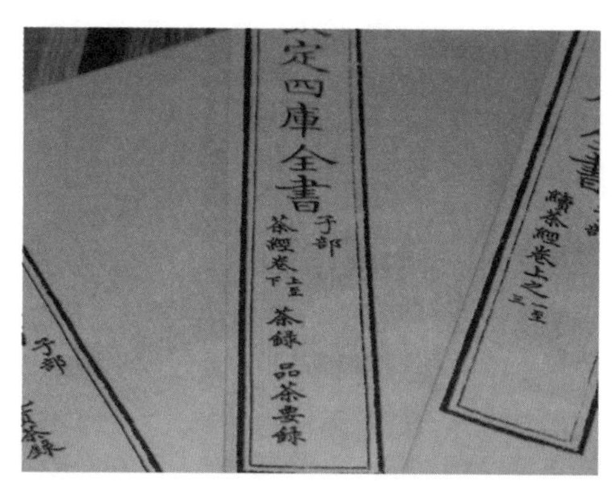

陆羽撰写的《茶经》，被列入《四库全书》，流传千古。后人编写的茶书，对茶文化的宣扬，也深具贡献。

那位被茶汤界封为“茶神”的陆羽，以五十多年的时间学茶、煮茶、品茶，还到处找茶、论茶，后来隐居在浙江苕溪顾渚山，自己种茶，觉得自己做的茶最好，推选顾渚茶天下第一，最后写下千古巨著《茶经》，论断天下好茶、好水、好茶器，被爱茶人封为“茶神”“茶仙”，光环照人间。

陆羽一生与茶结缘

陆羽一生与茶结缘，他为茶所受的苦楚，实在曲折感人。

传说陆羽是被智积禅师在湖北竟陵（现属湖北天门市）的一座桥（后称古雁桥）下捡到的弃婴，当时约为唐玄宗开元二十一年（公元 733 年）。因此，陆羽是从小在竟陵的龙盖寺由智积禅师抚养长大的。

唐代寺院禅师喝茶已经很普遍了，智积禅师更是懂得品茶。宋徽宗时代的官员董　画的《陆羽点茶图》跋记说，智积禅师好茶，特别喜欢陆羽煮的茶，后来陆羽有好几年出外找茶，智积禅师因为别人泡的茶品味不对，也就好几年没有喝茶（此处暂且存疑）。

唐代宗年间（公元763–779年，约当陆羽隐居浙江苕溪期间），代宗听说智积禅师喝茶有玄机，乃邀请智积禅师入宫，吩咐宫女煮茶款待禅师。皇帝赐茶，当然是地方进贡的好茶（称为贡茶），怎能不喝啊。可是智积禅师只喝了一口，觉得不合口味，就把杯子放下了。

皇帝早就听说智积禅师能分辨出茶的滋味是不是陆羽泡的，所以当天就派人把陆羽找来。第二天又请智积喝茶，陆羽在皇宫内院烧水泡茶，由宫女端给禅师品赏。智积喝了一口，觉得他多年没喝的，就是这个味道，不免又喝了几口，感觉非常回味。皇帝问他，这个茶的味道如何，还可以吗？

唐代陆羽爱茶成痴，撰写《茶经》。台湾坪林茶博馆也展出陆羽爱茶的故事。（摄自坪林茶博馆）

智积说，皇上赏赐的这杯茶，好像是我徒弟陆羽泡的味道，我已经很多年没有喝过了。

《陆羽点茶图》画的就是陆羽在里面煮茶，智积在宫廷里品茶的故事。不论此事真假，都说明陆羽很会泡茶，智积也很会品茶。

读书品茶，到处找茶

陆羽从小在智积的照顾下长大，九岁时，智积想要收陆羽当小和尚，陆羽不肯，一心想要读圣贤书。智积只好让陆羽去放牛打杂，陆羽就学泡茶，一直到 12 岁，因为被寺院的管事者欺负，才逃出龙盖寺，到一个戏班里学唱戏。路戏班班主一看陆羽长得很滑稽，不能当小生主角，就让他当丑角。谁知他很有天分，很会说笑，还编了三卷的笑话书《谑谈》，传诵一时。

人总是有时来运转的时候。一年后，天宝五年（746 年），竟陵太守李齐物宴客，招了戏班子来表演，陆羽唱作俱佳，虽然说话有点口吃，却能让人捧腹大笑。太守觉得这个 13 岁的孩子，混在戏班子里有点可惜。太守问明原由后，当场送他诗书，并推荐他到天门山去向隐居的邹夫子学习。

陆羽求学七年，李太守奉旨调到别的地方去了，天宝十二年（753 年）礼部郎中崔国辅被贬到竟陵来当太守。崔国辅擅长写诗，是性情中人，竟然和陆羽结为好友，经常一起出游，品茶鉴水，谈诗论文，快乐得不得了。

陆羽问茶，四海遨游去品水找好茶，为后代爱茶人留下典范。（摄自鹿谷茶文化馆）

品茶论茶的潇洒生活过了一两年，陆羽决定扩大找茶的范围，到各茶区产地去了解天下好茶在哪里。崔国辅甚为支持，就把他所用的牛车和一些好书送给陆羽，可能还送了一些盘缠吧。

天宝十五年（756 年），陆羽从竟陵出发，开始在全国各地寻找好茶好水。可是，没有多久，安史之乱开始，陆羽跟着难民，从关中越过长江，进入长江以南的地区避乱，同时也到处找茶。

陆羽从小在寺院长大，知道寺院可以借住，推测他一路上都在寺院投宿，以寺院为活动中心，寻找茶园、僧侣、名人雅士一起喝茶。

定居苕溪，撰写《茶经》

唐肃宗干元元年（758 年），陆羽到了润州（江苏南京、镇江一带，天宝年间曾改名丹阳郡，干元元年改回润州）研究茶事。过两年（760 年），陆羽来到浙江苕溪（浙江湖州吴兴一带），觉得这个地方太美了，尤其是顾渚山，生产了许多绝妙好茶，于是就在杼山妙喜寺住了下来。

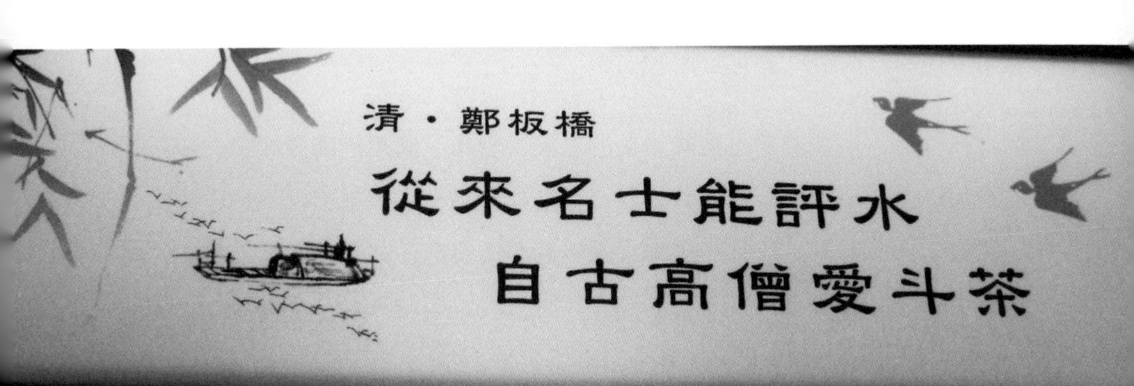

郑板桥一生豁达，他说的可是陆羽，或是许多古代的爱茶人？（摄自鹿谷茶文化馆）

苕溪发源于天目山，从浙江西北部流向东南，初分东苕溪与西苕溪，两溪在吴兴汇合，注入太湖。陆羽在苕溪地区过得很快乐，经常和妙喜寺的高僧皎然、女道士李季兰、名士朱放等人喝茶谈诗论茶。在这种悠闲的生活中，陆羽开始写《茶经》，将他多年来学茶、找茶的经验和心得有系统地写下来。《茶经》初稿于代宗永泰元年（765 年）完成，此时陆羽才 33 岁。

代宗大历七年（772 年），颜真卿担任湖州刺史，与皎然、陆羽等名士高僧往来，陆羽写过《杼山记》，叙说湖州杼山的名胜风光与好茶。次年，殿中侍御史袁君高来视察，高人名士会于杼山，颜真卿在杼山增建一座纪念此次雅集的亭子，因为亭子建于癸丑年（大历八年，773 年）癸卯月癸亥日，陆羽建议称之为“三癸亭”。后来有人说，此亭是颜真卿为陆羽建造的，大概是陆羽当时的名气已经轰动武林，惊动万教了。

代宗大历九年（774 年），湖州刺史颜真卿修订《韵海镜源》，在陆羽等人的协助下，历经多年，终于修订完成。陆羽也借此机会，找到许多历代品茶的故事，补充到他的《茶经》当中。后来又继续修改补充，一直到唐德宗建中元年（780 年），在皎然禅师的支持下，《茶经》正式出版。

唐德宗贞元二十年（804 年），将喝茶带到更高境界，致力推广饮茶文化的一代茶圣陆羽，在湖州去世，葬于杼山，享年 72 岁。

陆羽去世后，一些经营与茶叶相关的店家，制作了陆羽的陶瓷偶像，放在茶店茶灶前供奉。如果茶叶生意很好，就泡好茶供奉，如果生意不好，就用茶汤浇灌瓷像，大概是要唤醒陆羽来保佑财源滚滚吧，如果陆羽天上有知，会不会觉得好笑？

3. 陆羽心中的绝妙好茶

好茶的标准是什么呢?

好茶长在山明水秀、宁静致远的仙境，看起来像是太虚幻境中的仙女，闻起来像是大自然的芳香，喝起来像是太虚幻境仙女泡的仙水，令人飘飘欲仙，回味无穷。

可是，同样是仙境中的绝妙好茶，有人喜欢，有人说不好喝，还有人避之唯恐不及。有些好茶，大家都说好喝，其实不一定是好茶，因为茶中加料，也会甘甜无比。有些茶大家都说不好喝，其实却是好茶，因为口感不同，喜好也不同。

这就是茶仙陆羽在《茶经》第三篇《茶之造》所说的:“茶之臧否，存于口诀。”他又说:“若皆言嘉及皆言不嘉者，鉴之上也。”大家都说好的茶，和大家都说不好的茶，是赏茶的最高境界，因为大家都意见一致。

这不就是现代制茶比赛的评选标准吗?大家都说好，这种茶就会得到第一名。大家都说不好，万一还有人说好，还是最后一名。既然茶的好坏，是个人的口感，只要喜欢的茶就是好茶。

茶树生长在人间仙境，或是瀑布围绕，或是云雾弥漫，人间仙境有好茶。

陆羽说，茶之臧否，存于口诀。喝杯好茶，心情愉快。

4. 陆羽评茶

茶的心事，陆羽最知道。他走遍千山万水，喝茶品茶，潇洒似神仙。最后选出天下好茶排行榜如下（这是他的个人喜好，时间会改变一切，即使同时代的人也有不同的意见，他的好茶榜仅供茶余饭后的谈笑参考）：

（一）山南地区：唐代设山南道，大约是今天的河南、陕西南部、四川东北部、湖北西部，以及重庆地区，包括秦岭以南、长江以北、剑门关以东。（以下各州的今属地区名称，系根据学者刘熙《茶树栽培与茶叶初制》前言中对《茶经》所提产地当代名称的记述。）

（1）峡州最好（第一级）

陆羽说，当时峡州茶生长在远安、宜都、夷陵三县山谷（约为今天的湖北宜都、远安一带）。

（2）襄州、荆州其次（第二级）

陆羽说，襄州茶生长在南郑县山谷（襄州产地约为今天的湖北南漳、襄阳附近）。

荆州茶生长于湖北江陵县山谷（湖北江陵）。

（3）衡州下（第三级）

陆羽说，衡州茶生在衡州、茶陵两县山谷（湖南衡山、茶陵）。

（4）金州、梁州又下（第四级）

陆羽说，金州生西城、安康两县山谷（陕西安康、古西城）。梁州生襄城、金牛二县山谷（陕西宁羌、古襄城、金牛）。

（二）淮南地区：唐代有淮南道，包括江苏中部、安徽中部、湖北东北部、河南东南角，共有 14 州 57 县，陆羽提到产茶的有 5 州：

（1）光州最好（第一级）

光州茶产于河南光山县（河南信阳东部）、黄头港，质量和峡州茶一样是上品。

（2）义阳郡、舒州其次（第二级）

唐玄宗天宝年间，义州（隋名义州、唐时名申州）改名义阳郡，包括河南义阳、钟山、罗山，均在信阳东部。陆羽说，茶生于义阳县、钟山的品质，与襄州同。

舒州（安徽太湖、潜山、怀宁、同安、望江、宿松），茶生于太湖县、潜山的，品质与荆州同属第二级。

（3）寿州下（第三级）

寿州（安徽霍山、古盛唐县、寿春、安丰），生于盛唐县和霍山的茶，品质与衡州同属第三级。

（4）蕲州、黄州又下（第四级）

蕲州（湖北黄梅、蕲春、兰溪，属于黄冈东南部），茶生黄梅县山谷。

黄州（湖北黄冈西北部的黄冈、黄陂、麻城），生于麻城山谷的茶，与荆州、梁州同属第四级。

（三）浙西地区：唐初，浙江原属江南东道。肃宗干元元年（758 年），浙江分设浙江东道、浙江西道。以下地区属于浙江西道。

（1）湖州最好（第一级）

湖州（浙江长兴、吴兴、安吉、武康），茶生于长兴县顾渚山谷的，质量与峡州、光州一样，同属第一级。

生于乌瞻山、天目山、白茅山、悬脚岭的茶，与襄州、荆南、义阳郡相同，均属第二级。

生于凤亭山伏翼阁、飞云、曲水二寺、啄木岭者，品质与金州梁州同属第三级。

（2）常州其次（第二级）

常州（江苏宜兴），义兴县产茶，生于君山悬脚岭北峰下，与荆州、义阳郡同属第二级。

茶生于圈岭善权寺、石亭山者，与舒州同属第二级。

（3）宣州、杭州、睦州、歙州下（第三级）

宣州（安徽宣城、太平），茶生宣城县雅山，与蕲州同属第四级。太平县生于上睦、临睦的茶，与黄州同属第四级。

杭州（杭州、临安、于潜），临安、于潜两县的茶，生于天目山，与舒州同属第二级。

钱塘（杭州）茶生于天竺、灵隐两寺，睦州生于桐庐县，歙州（安徽婺源）茶生婺源山谷，与衡州同属第三级。

（4）润州、苏州又下（第四级）

润州（江苏江宁），茶生江宁县傲山。

苏州（江苏苏州），茶生长州县洞庭山。

这两地的茶，与金州、蕲州、梁州同属第四级。

（四）剑南地区：唐太宗贞观元年（627年）设置10道，剑南道包括四川大部分、云南澜沧江流域、哀牢山以东、贵州北部、甘肃文县一带。

（1）彭州最好（第一级）

彭州在四川中部，属成都市，彭州在成都西北38公里处，现为彭县。陆羽说，剑南以彭州茶为上，但产于九陇县马鞍山至德寺棚口（均属彭县），品质与襄州（湖北襄樊）同属第二级。

（2）绵州、蜀州其次（第二级）

绵州（四川绵阳、江油、安县）龙安县（安县），茶产松岭关（安县），与荆州（湖北江陵）茶同属第二级。

产于西昌（安县）、昌明（江油）、神泉县（安县）、西山（安县）者都很好。过松岭（安县）则不堪采。

蜀州（四川崇庆、灌县）青城县（灌县）生于丈人山，品质与绵州（绵阳）同属第二级。青城县另有散茶、木茶（末茶？）。

（3）印州次（第二级）

印州（四川印崃市、大邑县、蒲江县）。

（4）雅州、泸州下（第三级）

雅州（四川雅安）、百丈山（名山县）、名山。泸州（四川东南部泸县），产泸川沿岸。以上产茶质量与金州（陕西安康）同属第三级。

（5）眉州、汉州又下（第四级）

眉州（四川眉山）丹校县茶产于铁山者，汉州（四川广汉、绵竹、德阳）绵竹县茶生竹山（绵竹山）者，品质与润州（江苏镇江）同属第四级。

（五）浙东地区：唐朝浙江东道下设八州，包括：越州、衢州、婺州、温州、台州、明州、处州。治所在浙江绍兴。

（1）越州最好（第一级）

越州含今之浙江绍兴、嵊县。余姚县（现属宁波）产茶在瀑布泉岭，称为“仙茗”。大叶茶非常特殊，小叶茶和襄州（湖北襄樊）同属第二级。

（2）明州、婺州其次（第二级）

明州（浙江宁波、奉化），鄮县（宁波东钱湖畔）茶产榆荚村。

婺州（浙江金华、兰溪）东阳县东自山产茶，这两地品质与湖北江陵同属第二级。

（3）台州下（第三级）

陆羽对以下地区没有评论，只说产地，实况不了解，有时候得到这些地区的茶，“其味极佳”，因为陆羽没有去过这些地方，所以没有论断优劣。

（六）黔中地区：产茶的地方在恩州、播州、费州、夷州。

唐代黔中包括现今四川东南部，贵州东北部，分为 15 州，其中提到产茶地区有 4 个州。

（1）恩州约当贵州思南一带。

（2）播州现为遵义。

（3）费州包括思南、德江。

（4）夷州约为思奸、凤冈、绥阳一带。

（七）江南地区：产茶地方有鄂州、袁州、吉州。

唐太宗设置10道，江南道后来划分为江南东道和江南西道（19州）。陆羽所提3州，均属江南西道。

（1）鄂州，约为湖北武昌一带，现有鄂州市。

（2）袁州，现为江西宜春市的一个区。

（3）吉州，约为江西吉安一带。

（八）岭南地区：产茶的地区有福州、建州、韶州、象州。

唐初设置岭南道，治所在广州，领域包括福建、广东、海南、广西、云南东南部等地。后来画出福州、建州、泉州、漳州、汀州，另外设立福建道。

（1）福州，现为福建闽侯、福州一带，生产福州茉莉花茶、福州珠兰花茶。

（2）建州，现属福建建瓯一带。

（3）韶州，广东韶关一带。

（4）象州，现为广西壮族自治区来宾市的象州县。

5. 当代十大好茶

根据百度百科刊载，中国的十大名茶，曾经在不同时间有不同的评选，但是，好茶像真金，是不怕考验的。

（1）1915 年巴拿马万国博览会评选的中国十大名茶是：

西湖龙井茶（浙江杭州）
洞庭碧螺春（江苏苏州）
信阳毛尖茶（河南信阳）
君山银针茶（湖南岳阳）
黄山毛峰茶（安徽黄山）
武夷岩茶（福建武夷山）
祁门红茶（安徽祁门）
都匀毛尖茶（贵州都匀）
安溪铁观音（福建安溪）
六安瓜片茶（安徽六安）

（2）1999 年 1 月 16 日《解放日报》刊登的中国十大名茶是：

江苏碧螺春
西湖龙井茶
安徽毛峰茶
安徽瓜片茶
蜀山侠君茶
福建铁观音
福建银针
云南普洱茶
福建云茶
江西云雾茶

（3）2001 年 3 月 26 日美联社和《纽约时报》报道中国十大名茶是：

西湖龙井茶
黄山毛峰茶
洞庭碧螺春
安徽瓜片茶
蒙顶甘露茶
庐山云雾茶
信阳毛尖茶
都匀毛尖茶
安溪铁观音
苏州茉莉花茶

（4）《香港文汇报》2002 年 1 月 18 日报道中国十大名茶是：

西湖龙井茶
江苏碧螺春
安徽毛峰茶
安徽瓜片茶
福建银针
祁门红茶
都匀毛尖茶
武夷岩茶
福建铁观音
信阳毛尖茶

（5）2010 年上海世博会选出中国十大名茶是：

西湖龙井茶
安溪铁观音
都匀毛尖茶
福鼎白茶（太姥银针）
湖南黑茶
武夷岩茶（天驿古茗大红袍）
润思祁门红茶
一笑堂六安瓜片
天目湖（富子）白茶
张一元花茶

（6）维基百科提到的中国十大名茶是：

信阳毛尖茶	都匀毛尖茶
洞庭碧螺春	君山银针茶
黄山毛峰茶	武夷岩茶
六安瓜片茶	安溪铁观音
西湖龙井茶	祁门红茶

以上这些评比结果都差不多，偶有一些变化，也不影响好茶的光荣历史。绝妙好茶一向都是在爱茶人的心中，只要喝得愉快，都是好茶。

6. 台湾学者推介的好茶 50 种

台湾茶学专家刘熙，在他的著作《茶树栽培与茶业初制》（1985，台北五洲出版），推荐了 50 种当代的名茶：

（1）绿茶：经杀青、揉捻、干燥，大部分白毫脱落，发酵度在 15% 以下，浸泡多绿汤，称为绿茶。著名的绿茶有 33 种：

西湖龙井茶（浙江杭州）
洞庭碧螺春（江苏苏州）
蒙顶甘露茶（四川蒙山）
云和惠明茶（浙江云和）
太平猴魁茶（安徽太平）
南山白老茶（广西横县）
顾渚紫笋茶（浙江长兴）
余杭径山茶（浙江余杭）
峨眉峨蕊茶（四川峨眉）
普陀山佛茶（浙江普陀）
华顶云雾茶（浙江天台山）
庐山云雾茶（江西九江）
天目青顶茶（浙江天目山）
雁荡白云茶（浙江雁荡山）
黄山毛峰茶（安徽黄山）
桂平西山茶（广西桂平）
齐云瓜片茶（安徽六安）
恩施玉露茶（湖北恩施）
安化松针茶（湖南安化）
南京雨花茶（南京雨花台）
老竹大方茶（安徽歙县）
高桥云峰茶（湖南长沙）
婺源茗眉茶（江西婺源）
信阳毛尖茶（河南信阳）
都匀毛尖茶（贵州都匀）
景星碧绿茶（四川重庆）
遂州狗牯脑（江西遂州）
婺州东白茶（浙江婺州）

前岗辉白茶（浙江前岗）

敬亭绿雪茶（安徽宣城）

琅源松萝茶（安徽休宁）

修水双井茶（浙江湖州）

莫干黄芽茶（浙江莫干）

（2）乌龙茶：乌龙茶属于青茶，经过萎凋、晒青、摇青、杀青，作部分发酵，以绿叶红边为特色，有绿茶的浓郁、红茶的甜醇。因发酵程度不同而有不同的产品，清茶发酵度约 15%，茉莉花茶发酵度约 20%，冻顶乌龙发酵度约 30%，铁观音发酵度约 40%，白毫乌龙发酵度约 70%。著名的乌龙茶系列有：

武夷山岩茶（福建武夷山）

凤凰水仙茶（福建武夷山）

安溪铁观音（福建安溪）

闽台乌龙茶（福建与台湾）

（3）黑茶：经过杀青、揉捻、渥堆、发酵，颜色深，属于重度发酵，著名的黑茶有：

云南普洱茶（云南）

苍梧六堡茶（广西）

（4）白茶：新采茶叶，经过萎凋、烘干，不加揉捻，保留白毫，称为白茶。著名的白茶有：

白毫银针茶（福建东北山区）

银针白牡丹（福建东北山区）

寿眉茶（福建）

（5）黄茶：经过杀青、揉捻、闷堆，叶已变黄，泡起来黄汤黄叶，故称“黄茶”。著名的黄茶有：

君山银针茶（湖南岳阳）
福鼎莲蕊茶（福建福鼎）
温州黄汤茶（浙江温州）

（6）红茶：红茶的发酵度100%，茶汤接近红色，故称红茶，外国人则称黑茶（black tea），著名的红茶有：

云南功夫红茶（云南）
祁门功夫红茶（安徽祁门）
四川功夫红茶（四川）

（7）花茶：茶叶添加茉莉等花朵，增加茶的香气，通称“花茶”。著名的花茶有：

苏州茉莉花茶（江苏）
福州茉莉花茶（福建）
福州珠兰花茶（福建）

茶的种类真是繁多，中国历经数千年的演化，制茶技术不断翻新，各地方出产的茶业，都强调其特色与传统，值得我们进一步去认识中国的茶文化。

四——好茶探秘

中国自古有许多好茶，让人传颂不已。
这些绝妙好茶的背后，有什么秘诀呢？

翻箱倒柜，仔细阅读思考，用心揣摩，
当然可以找出一些蛛丝马迹来。

（本文以探寻几种好茶的兴衰原因为主，好茶甚多，无法一一探寻，仅以西湖龙井茶、顾渚紫笋茶、余杭径山茶、天台山华顶云雾茶、云南普洱茶、福建武夷岩茶为讨论主题）

1. 西湖龙井茶

西湖产茶，在唐朝陆羽写《茶经》时，就已经提到。当时陆羽隐居在杭州附近的湖州，在《茶经》第八篇《茶之初》提到，浙江西部的茶，以湖州最好，其次是常州，再次是宣州、杭州、睦州、歙州，又次是润州、苏州。

陆羽批注说，钱塘（杭州古称）的茶，生长在天竺寺、灵隐寺。这两个寺，都在西湖地区。可见西湖地区产茶，已经有 1500 多年的历史了。

绝妙好茶真本事

好茶要成名的第一秘诀是：要有真本事，做出的好茶，要让人回味无穷。

在陆羽的时代，西湖茶还没有出名，在唐代宗永泰元年（765 年）完成的《茶经》，陆羽将杭州茶（包括杭州临安、于潜两县的茶，钱塘天竺寺、灵隐寺所产的茶），都评定为浙西第三级。到明朝万历十九年（1591 年）黄一正编著的《事物绀珠》，列出当时的名茶 90 多种，龙井茶排名第 21。到了清朝乾隆年间（1736–1795 年），乾隆皇帝四次到龙井来品茶，将 18 棵茶树命名为“御茶”，西湖龙井茶被列为贡茶。经此震荡，西湖龙井茶不出名也难，至今仍是十大名茶之一。

西湖龙井茶的特色是：“色绿光润，形似碗钉，藏峰不露，匀直扁平，香高隽永，味爽鲜醇，汤澄碧绿，芽叶柔嫩。”

产地季节茶命名

西湖山区生产的龙井茶，按照产地名称分为五品：

狮：产于狮峰，色泽黄绿（糙米色），香气持久，茶味醇厚，是龙井茶中质量最优良的，堪称“极品”。

龙：产于龙井村。

云：产于云栖。

虎：产于虎跑山。

梅：产于梅坞。

按照采摘的时间，芽叶会由嫩到老，所做的茶也会分为八品：

莲蕊：四月初，茶树刚刚长出嫩芽，尚未开展，像莲花的花蕊一样细嫩，可以做出韵味最好的极品。

雀舌：顾名思义，叶芽还很细小时，长得像麻雀的舌头。芽叶经过特殊功夫的炒压后，状似碗钉（细扁如补碗的细扁钉子），也像雀舌。

极品：嫩芽茶味隽永，茶香高雅持久，在清明节以前采摘的，都可以做成极品的茶叶。

明前：清明节（约为4月5日）前采摘制作的茶叶，芽叶似莲蕊，称为明前茶，是珍品。为了标示名家功夫，明前茶会标明制作者的姓名。

雨前：清明到谷雨（约4月20日）之间采的茶，称为雨前茶，是上品。

头春：谷雨之后到5月1日之间采摘的茶，称为头春。景东郡守黄炳的《采茶曲》有一句："五月采茶茶叶新，新茶远不及头春。"可以说明5月之前的茶才是头春茶。

二春：5月初到中旬采制的茶，称为二春。4月初到5月中的茶，都可称为春茶。只是有头春、二春之别。不过黄炳《采茶曲》却说"七月采茶茶二春"，想必与西湖龙井茶的说法有所不同。

长大：5月中旬以后，茶叶已经长大了，6月茶称为"二茶"，茶叶粗，要费心挑茶枝了。7月茶即是"三茶"，8月至10月茶称为"四茶"。

如按四季区分，5月以前称春茶，6–8月称夏茶，9–10月称秋茶，11月以后称冬茶。

龙井茶因质量的好坏，也分为11级，包括特级、1–10级，价格当然也有差别。春茶质量最好，约占全年产茶量的一半，特级龙井和一级龙井，都是春茶。

质量优良的春茶，就是龙井茶成名的主要原因。

名人加持传久远

好茶成名的第二个秘诀，是要有名人加持。

陆羽《茶经》没有提到西湖龙井茶的名称，只有说"钱塘（杭州）生天竺、灵隐二寺"。天竺寺、灵隐寺都位于西湖西部的低山丘中，这只能说唐朝天宝年间西湖地区已经有种茶，只是种在两个寺院里。

宋朝名诗人苏东坡曾经担任杭州通判、湖州当官，宋哲宗元佑四年（1089年）

杭州西湖，出产西湖龙井茶，自古闻名天下。

西湖三潭印月，陆羽、白居易、苏东坡，都曾经在西湖泛舟。

又担任杭州知州（州长）三年，在西湖筑了苏堤。据他考证，天竺寺的茶，是南朝诗人谢灵运从天台山带到杭州天竺寺来种的。如此说来，杭州种茶的历史，至今已有 1500 多年了。

历代许多名诗人，经常到杭州西湖附近游山玩水，品茶作诗，一些典故传说，使得杭州茶更加有名。清朝乾隆皇帝四次到西湖来品茶，特别是在龙井村题字，赐封 18 棵龙井茶为“御茶”，更增添了西湖龙井茶的名气。

由此可见，好茶仍需名人加持，才能更有名。乾隆皇帝都特地来品茶四次了，当然是绝妙好茶。“名人加持”是好茶成名的第二个秘诀。

游山玩水喝好茶

好茶要出名的第三个秘诀是：茶产区要成为旅游胜地。

西湖是全世界知名的旅游胜地，杭州的重要景点在西湖。西湖的旅游重点在环湖。龙井村品茶已经是西湖旅游的亮点。

到西湖龙井村喝茶，早在北宋神宗年间（1068–1085 年），著名诗人苏东坡外放到杭州当三年通判，苏东坡就已经经常到西湖附近名胜去品茶了，有一次还在一天之内喝了七碗茶，写下一首诗，流传千古，让所有爱茶人都为之向往不已。

那是在神宗熙宁六年（1073 年），苏东坡到杭州当通判的第二年。有一天，苏东坡觉得不舒服，就请假一天，到西湖四周的净慈、南屏、惠昭、小昭庆等寺院，晚上到孤山谒见惠勤禅师。一路走来，每到一个寺院，大概就喝一碗茶吧。喝茶、走路、流汗，感冒就好了，不治而愈。所以他写诗之前，先说明："游诸佛寺，一日饮酽茶七盏。"（酽茶就是浓茶，但不知是否龙井茶。）

苏东坡因生病喝茶谒见禅师而顿悟了。他体会到：金粟如来维摩居士为了向

西湖龙井茶，就出产在西湖地区的龙井村附近。

苏州江南水乡，自古是产茶名乡，陆羽曾经来此问茶。

西湖龙井茶名闻遐迩，即使远在新疆，也可以看到西湖龙井茶。

大众说法而装病，其实他没有病。谢灵运在家研究佛法，其实他不在家，好像维摩居士一样，没有出家，在红尘修性，其实已经出世又入世。魏文帝当年希望有人给他一颗丸药，服用四五日后，身体会长出羽翼，可以羽化成仙（魏文帝何须当仙，想必红尘烦扰难忘忧吧）。苏东坡认为，只要有唐朝名诗人卢仝的《走笔谢孟谏议寄新茶》所提到的七碗茶，何须吃丸药。

苏东坡的七碗茶诗，代表了他的心灵悟道，所以他题壁留诗说：“示病维摩元不病，在家灵运已忘家，何须魏帝一丸药，且尽卢仝七碗茶。”

西湖地区有这样的文人雅士，喝茶留名，若要西湖茶不扬名千古也难啊。

安心喝茶能心安

让人安心喝茶，种茶、制茶有良心，这是好茶成名的第四个秘诀。

喝茶能安定心灵，但须适量始无病，种茶、制茶看良心，自古喝茶多安心，今人喝茶要有心。

古人种茶，完全遵照古法，天然生长，天然采摘，没有添加任何人工佐料，喝起来就是茶的原味，可以放心喝，安心喝七大碗，精神自然爽快。

至于生长在原始森林里的大茶树，更是没有人工加料，有的受虫鸟野兽的垂爱，天降甘霖的仙水，完全自然成长。

近年来，台湾提倡种植有机茶，也就是遵照古法，让虫鸟杂草在茶园中自然孕育，让茶树只接受天然雨露的滋养，空气清新，长出来的茶，完全像神农时代的茶，喝起来自然安心，茶的价值很高，种茶人也会心安。

西湖龙井茶有1500多年的历史，还有那么多的名人写诗称赞，真是得天独厚，得来不易啊。

苏州太湖的洞庭东山和洞庭西山，是洞庭碧螺春的产地。

2. 顾渚紫笋茶

曾经被茶圣陆羽评定为天下五大好茶的浙江湖州顾渚紫笋茶，为何会在流传900年之后，突然在17世纪清顺治年间消失？消失300年之后，才又在1979年重新上市，原因何在？

名茶兴衰有时运

茶的兴衰，和人的遭遇相同，顺时则进，逆时则退。推想顾渚紫笋茶的兴起，是因为茶圣陆羽自己在顾渚山种茶，知道紫笋茶的优美，极力推荐而成为唐代朝廷官员期待的贡茶。由于顾渚紫笋茶制作讲究，茶品优良，数量有限，自然风行天下。

然而，天有不测风云，茶也有旦夕祸福。改朝换代之后，历经宋、元、明三代，顾渚紫笋茶依然是每年进奉给朝廷的贡茶。明初洪武年间虽然一度罢贡，却仍不损其好茶的地位。

战乱是顾渚紫笋茶最大的伤害。清兵入关，再下江南，顾渚山处于浙江、安徽、江苏三省交会的边界，是兵家必争之地。地方不平静，不但茶农无法安心种茶，官方也无茶可上贡，自然要找个借口说是顾渚茶有问题，当然就罢贡了，最后连制茶贡院的房舍也烧掉了。

顾渚紫笋茶有悠久的历史，有很好的声誉，如此消失了，岂不可惜？地方有心人士配合官方的努力，在1970年代末期，开始进行恢复制作顾渚紫笋茶，终于获得成功，延续了顾渚紫笋茶的香火命脉，恢复了她的名气。

顾渚紫笋传千年

顾渚紫笋茶有什么特色，能够让她风行将近一千年？

在茶树方面，紫笋茶树是当地特殊的品种，推测应属原生种，当地早已普遍种植。陆羽在安史之乱后，于肃宗上元元年（760 年）定居在苕溪顾渚山，自己也开辟茶园来种植紫笋茶。代宗永泰元年（765 年）写下《顾渚山记》两卷，并完成《茶经》初稿。

《顾渚山记》虽然已经失传，但在当时必定已经名传遐迩。陆羽将他所种的茶，命名为“顾渚紫笋茶”，并向湖州地方官推荐，地方官转报朝廷，所以，五年后，代宗大历五年（770 年），顾渚山虎头岩建立了贡茶院，专门制作顾渚紫笋茶上贡。

清明节前采新芽

蔡宽夫《诗话》记载，湖州紫笋茶产自顾渚，在常州、湖州两郡之间，以其萌茁紫而似笋也。每岁入贡，以清明日到，先荐宗庙，后赐近臣。

《吴兴掌故》说，顾渚左右有大小官山，皆为茶园。明月峡在顾渚侧，绝壁削立，大涧中流，乱石飞走，茶生其间，尤为绝品。张文规诗所谓“明月峡中茶始生”是也。

制作顾渚紫笋茶非常讲究，每年三月，茶树刚长出嫩芽，略带紫色的芽苞尚未开展叶片时，即开始采摘，这是最极品的茶，产量非常少。没有采摘到的芽苞，长出嫩叶，一牙一叶，或一牙两叶，都可采摘。为了赶在清明节前送到长安，必须在这短短的一个月内采茶制茶，过了清明就不采茶了。因此，顾渚紫笋茶只做贡茶，很少流落市面。陆羽自己种茶，所以可以自采、自制、自喝，还可以请朋友来品茶。

顾渚制茶凡三变

顾渚紫笋茶属于绿茶。唐朝流行制作团茶，也就是圆形的茶饼，坚硬无比，便于运输。圆饼茶需要将茶叶蒸热杀青，然后压碎套模，烘焙干燥。喝的时候要把茶饼压碎，放在壶里煮来喝。

宋朝时，顾渚紫笋茶的做法略有改变，蒸青之后再研磨成膏，然后压模制造龙团茶。到明朝洪武年间，不要进贡顾渚紫笋茶的茶饼了，改为炒青揉成条形的紫笋散茶，便于冲泡。

顾渚紫笋茶采制时间既短，产量自然很少，供不应求。等到战乱停止了，茶人四散，顾渚紫笋茶也就从历史的舞台消失了。

唐朝顾渚贡茶院规模盛大，极盛时有采茶工人三万多人，制茶师傅一千多人，用来辗茶的茶碓房有三十间，烘焙工房百余所。

茶山盛会尝新茶

顾渚紫笋茶制作的一个月间，山上非常热闹。每年立春之后（阳历 2 月 4 日），湖州刺史和常州刺史等地方官员都要上山监制，一直到谷雨（阳历 4 月 20 日前后）才完成任务下山。

茶叶制成后，官员要试茶，看好不好喝，好喝的茶才能上贡。试茶会可就热闹了，茶宴款待，歌舞助兴，白居易都羡慕得不得了。

白居易于唐敬宗宝历元年（825 年，当时 54 岁）担任苏州刺史，第二年因坠马伤到腰，请假 100 天，正在用蒲黄酒疗伤。清明节前有一天晚上，听到常州贾刺史和湖州崔刺史联合在顾渚山境会亭举行试茶会，就写了一首诗谈到境会亭的欢宴。白居易说：

听说境会亭举行茶山之夜，歌女的珍珠翠玉装扮，和着乐器的乐声、山寺的钟声，悠扬缭绕在身边。虽然境会亭是在湖州与常州的两州交界，然而在茶会灯前，却是一家春。年轻的歌女清歌妙舞，总是在竞比舞姿美妙，歌声优雅。大家一齐品赏紫笋茶，比一比谁家的茶更美好。可叹我白某人正在花前北窗下，用蒲黄酒疗伤，无法参与盛会，真是难以入眠啊。

这是在下方道人的解释，或许读者看到下面的原诗，会有不同的领会吧：

《夜闻贾常州、崔湖州茶山境会亭欢宴》

遥闻境会茶山夜，珠翠歌钟俱绕身。

盘下中分两州界，灯前各作一家春。

青娥递舞应争妙，紫笋齐尝各斗新。

自叹花前北窗下，蒲黄酒对病眠人。

（附注：时马坠损腰，正劝蒲黄酒。）

好可惜啊，有这么好的茶宴，白居易却因伤无法参加，只能望山兴叹。不过，塞翁失马，焉知非福，若不是坠马伤腰，白居易也不会写出记载茶山盛会的好诗，我们也不会了解当年茶山盛会的种种了。品茶赏茶，真是一种茶缘啊。

3. 余杭径山茶

余杭径山寺在宋朝曾经是江南五山十刹之首，导引许多日本高僧来学佛，并将径山寺所产的茶，和“径山茶宴”仪式一起带回日本，成为日本种茶和茶道的起源。可是，这么兴盛的径山茶和径山寺，却在历史的洪流中消失了，一直到1970年代，杭州当局才又重建径山茶，恢复径山茶的声誉。并于2009年重建径山寺，重续往日的辉煌。

对茶文化有如此重大贡献的径山寺名茶，真的也像人们一样“应运而生，盛极而衰”吗?

法钦径山寺种茶

径山位于浙江余杭、临安两县交界之处，山中有两条路，一条通往余杭，一条通往临安天目山，因此称为径山，又称双径。

唐玄宗天宝元年（742年），江苏昆山朱姓学子，年28岁，在前往长安应考举人的途中，路过丹徒，遇见鹤林玄素禅师，听他一席话，竟然决定出家，当天剃度，法号“法钦”（又称道钦）。

法钦跟随玄素禅师学习三年，决定出外游历。玄素禅师说：“随性游历，遇径则止。”

法钦来到余杭径山，询问樵夫此为何地？樵夫说，径山，可到天目山。法钦知道此处有缘，也就随缘搭盖草房住下修性了。在当地居民和信徒的协助下，于天宝四年（745 年）兴建了径山寺。

当时禅院礼佛，都要供奉茶汤。禅师修性念佛，日常也要喝茶提神。所以法钦禅师就种了一些当地人种植的茶树。

传说法钦禅师刚到径山时，遇到一位白发白胡子的老人，听法钦说想要在此弘法，就指引他到可以建寺的地方，告诉法钦说，老汉本是久居此地的潜龙，此山有龙井可用，随即云雨大作，山间出现一个深不可测的水泉。此泉遂称“龙井”，径山寺出产的茶，也称为“龙井茶”。这乃是最早的龙井茶。不过这个龙井，并不是西湖的龙井村。龙井村也因为有一口龙井而闻名。

禅院论佛讲茶道

径山寺逐渐闻名天下，与僧俗往来所奉的茶汤，逐渐发展出一套奉茶规矩。定期举办的讨论佛学法会，大家喝茶论道，司茶的僧人，虔诚礼敬地煮茶、奉茶，僧众也虔诚地喝茶论道。

可能是为了避免大家打瞌睡，司茶僧将绿茶磨成粉，泡成浓浓的茶，僧众喝下一杯，保证精神百倍。谈论起佛道，也是脑筋清醒，思路畅通无阻。这就是抹茶的起源，也是唐宋茶宴的缘起。

法钦禅师在唐代宗大历三年（768 年）应诏前往长安，与唐代宗讨论禅修之道，受封为“国一禅师”。

径山寺到了宋代，更加兴盛，南宋孝宗淳熙年间（1174–1189 年），册封径山寺为“径山兴圣万寿祥寺”，宁宗嘉定年间（1203–1224 年），加封径山寺为江南五山十刹之首。

日僧学佛传茶道

13 世纪径山寺声名远播，日本僧侣分别到天台山、径山等地来学佛，回去时就将当地名茶和茶具、茶书、茶规，带回日本，形成日本的茶道。历史上在径山寺学佛有记录的日本高僧，包括南浦昭明于南宋理宗开庆元年（1259 年），来经山寺学佛五年，回去时将茶具、茶子、茶宴、点茶法传回日本；圣一国师圆尔辨圆更早，于南宋理宗端平二年（1235 年）入径山寺学佛三年，回去后创建了京都东福寺，并将径山茶种到静冈安倍川等地，是静冈茶的起源。

荣西禅师则于南宋孝宗干道四年（1168 年）到天台山学佛，回日后，将天台茶树种在九州岛博德、本州岛的京都、宇治等地，成为日本的茶祖，这是九州岛福冈茶和京都宇治茶的来源。

金虞《净山采茶歌》

明世宗嘉靖三十三年（1554 年），杭州学人田艺蘅完成《煮茶小品》，提到：“钦师手植茶树数株，采以供佛，逾年蔓延山谷，其味鲜芳，特异他产，今径山茶是也。”

康熙年间，康熙曾经驾临径山寺题匾。杭州学者金虞游历径山寺后，也写了一首《径山采茶歌》，描写径山茶人采茶的情形。

当时，宜兴阳羡茶声名远播，历代天子喜欢阳羡茶。径山天气还冷，茶芽尚未成长，就推说：

天子还未尝到阳羡茶，百花不敢先开。

其实阳羡茶不如径山（又称双径）清绝，天然的茶味与颜色，泡起茶来起烟霞。

山中石泉奔流，松籁传声，春天还不知在哪儿，忽然一夕惊蛰（3 月 5 日），春天来了，茶树开始冒出细芽，到清明节前长出新芽。

四周山峰回转，寺院掩盖在山色中，山路穿插难觅。还好沿路有采茶人唱山歌，与水涛山籁相唱和。

谷雨时节（4 月 20 日）半阴半晴，茶树一旗一枪（即一心一叶）还没几枝呢。

山中烟云弥漫，香气浅薄，天光萧瑟，让人觉得深山里的春天总是来得那么慢啊。

山茶获得皇帝封赏，博得空名啊，却还是要用绢丝包好，送呈上贡。

为了制作贡茶，采茶人要拼命到绝岩峭壁去找新芽翠绿的茶丛，年年背着竹笼采茶去吧。

《径山采茶歌》原文

金虞心中有感，就写下了《径山采茶歌》：

天子未尝阳羡茶，百卉不敢先开花。

不如双径回清绝，天然味色留烟霞。

石泉松籁春无那，惊雷夜展灵芽破。

峰回寺掩路丫叉，恰喜茶歌相应和。

半阴半晴谷雨时，一旗一枪无几株。

氤氲香浅露光涩，颇觉深山春到迟。

紫黄落脚空名重，白绢斜封充锡贡。

拼向幽岩觅翠丛，年年小摘携筠笼。

魏源径山寺写诗

清朝末年道光年间，编写《海国图志》的魏源，还到过径山寺，写过一首诗《径山万寿禅寺》。

魏源在径山行走，看到左边右边都是山泉，泉水照映着石壁。走出山谷，又进山谷，到处可听到水声。放眼看去，远山青绿，近山翠碧，大瀑布冲击像钟磬声动天地，小瀑布水声像优雅的琴音缭绕，真是天籁，难得几回闻啊。

魏源回家后，立即写下一首诗《径山万寿禅寺》，描述径山寺的清幽环境：

左泉右泉照石影，出谷入谷聆泉声；

远山青绿近山碧，大泉钟磬小泉琴。

径山寺到了清朝末年，竟消失在战乱烽火之中，僧侣居民四散，茶园也就荒废了将近一百年。

1978 年，杭州邀集径山地区的茶农，重新制作径山茶，被评选为浙江十大好茶。

2009 年，余杭重建径山寺，当年曾在径山寺学佛学茶的日本寺院代表也来参加奠基仪式，径山寺又成为佛门茶山圣地了。

4. 天台山华顶云雾茶

浙江天台山是佛教与道教的圣地，最高峰是华顶峰，高 1098 米，山中曾是东汉末年道教神仙葛玄（164–244 年）修炼的地方，也是葛玄种茶一品茶的仙境。据说，葛玄种茶的最早记录可以追溯到 238 年（三国吴帝孙权赤乌元年）。《天台山志》也记载："葛仙翁茶圃在华顶峰上。"

葛玄种的就是华顶云雾茶，因为华顶山终年云雾，产茶滋味特好。如今华顶云雾茶还是中国十大名茶之一。当年葛玄种茶的地方，就在华顶寺后面归云洞，附近还有大白堂，是李白读书写诗的地方。晋朝大书法家王羲之，也在此地书写《黄庭经》。天台山群的赤城山，则是济公活佛的出生地。

天台山的佛学，在唐宋时期吸引了许多日本高僧前来学佛，同时也将华顶云雾茶带到日本各地去种，成为日本的茶祖。

华顶茶五月底开采

华顶茶种在 800–900 米的山地，茶园四周有短叶松和沙罗树围绕，成为茶树抗风抗寒的天然屏障。山上气温较低，常年平均温度约 12℃，冬天则冷到 –12℃。冬天积雪，夏天凉爽，茶农在冬天要为茶树遮盖树叶、茅草、稻草防寒。历经寒冬焠炼的茶树，到第二年春天，才能长出强劲有力的茶芽。

华顶采茶较慢，通常春茶要到小满（5 月 21 日前后）过后才能采，显然是因为气温较低，采茶比其他地方慢一个月，采摘标准也是一芽两叶。

古代的华顶云雾茶，由僧侣手工制作，炒揉成珠茶形式。由于产期短，产量少，质量高，一般甚为珍稀。现代的云雾茶已改用机器烘炒，制作成条钩形状。与一般炒清绿茶略同。

《续茶谱》论及天台茶

华顶茶最兴盛的时期是在宋代。宋朝桑庄（字茹芝）著述的《续茶谱》说，天台茶有三品：紫凝、魏岭、小溪。今（宋代）诸处并无生产，而土人所需，多来自西坑、东阳、黄坑等处。石桥诸山，近亦种茶，味甚清甘，不让他郡。盖出自名山雾中，宜其多液而全厚也。

桑庄又说：但山中多寒，萌发较迟，兼之做法不佳，以此不得取胜。又所产不多，仅足供山居而已。

华顶寺重视的是传承佛学，种茶是为了供佛与待客。北齐佛僧慧思的弟子智者禅师，来天台山钻研佛经，提倡饮茶提神驱睡。据说，隋炀帝在江都（扬州）时，曾经生病，智藏禅师曾献茶治病。

华顶四周种茶，当年有华顶 65 茅篷，都设在悬崖绝壁间，寺僧住在茅篷内，修行兼管理茶园。目前山上还有两大茶园，一处称为“葛玄茶园”。

日僧来天台学佛学茶

华顶寺，初名善兴寺，后晋高祖天福元年（936 年）德佑大师创建。其实，天台山的寺院在唐代后期（公元 9 世纪）时，已经很兴盛了，到宋朝发展得更旺，也因此吸引了日本高僧前来学佛。

日本京都延历寺开山祖师最澄大师(767–822年),于唐德宗贞元二十年(804年)抵达天台山，学习天台宗教义，在华八个月，回日本后，创建了日本天台宗。

同一时间，日本高僧空海（774–835年），也于804年搭乘另一艘船到中国，在天台山华顶峰学佛，也到青龙寺拜访惠果大师，学得密宗教义。两年后回到日本，带去了天台山华顶云雾茶的种子，种在京都比 山延历寺附近等地。

南宋孝宗干道四年（1168年），日本高僧荣西法师（1144–1215年）到天台山学佛，带回茶种，种在九州岛博德圣福寺，再赠送三粒茶子给明惠上人（1173–1232年）种在拇尾高山寺，后来明惠上人将茶分植到京都宇治附近。天台华顶云雾茶遂成为九州岛茶、宇治茶的来源，荣西也被尊称为日本的茶祖。1211年荣西还写了一本《吃茶养生记》，推广每日修行吃茶来养生。

荣西的弟子道元禅师（1200–1253年），于南宋宁宗嘉定十六年（1223年）先到径山寺学禅，再到天台山天童寺拜如净禅师（曹洞宗第13代祖）为师，后来将径山寺的禅院清规带回日本，成为日本茶道清规的起源。

宋代的径山寺和天台山，成为日本高僧学佛学茶的两个来源，中国的茶文化也因此传入日本等其他国家。

5. 云南普洱茶

中原种茶，遍布黄河以南各地，包括十多个省区，甚至北到山东、南至云南，都有种茶。高山、丘陵，都是种茶的好地方。有的做成绿茶，有的做成红茶，还有制成黑茶、白茶、黄茶，真是品类繁多，各有特色。这些地方有何奇妙之处，可以产出绝妙好茶，值得探寻。

云南产茶，以普洱茶最有名。

普洱茶属于黑茶，主要产于西双版纳、景东、景谷、思茅等地。明朝称为普茶，清朝称为普洱茶，以云南普洱府（现称普洱市）集散地为茶名。

普洱茶须重发酵

西双版纳茶区，多属乔木型态的高大茶树，有很多是原始林中的天然茶种。

产茶区气候温暖，潮湿，雨量充沛，土壤肥沃，适合茶树的生长。

采茶期从三月初到十一月，春茶为三月至四月，分为春尖、春中、春尾三种，夏茶五月到七月，称为二水，秋茶八月到十一月，称为谷花。普洱茶以春尖和谷花质量最好。

采摘标准为一芽两叶，质量较低的，可采收到三叶、四叶。

普洱茶的做法，分生茶与熟茶。生茶是将茶青直接堆置发酵，需要多年的工夫才能熟成。熟茶做法较复杂，茶青经过 100℃的锅温杀青，再加以初揉，初步堆积发酵 6–8 小时，去除青涩味，叶片呈现红斑，即可再揉，然后再成团成堆地堆置发酵 12–18 小时，达到普洱茶应有的发酵程度，茶叶色泽已接近黑色。接着日晒进行初步干燥，四五成干之后，再揉，让伸直的茶叶再度收缩成团，最后烘干，再堆置数月发酵后即完成。

台湾坪林茶博馆收藏的云南七子饼茶。

普洱茶有两种形态，一种是唐宋以来的饼茶，需要蒸茶，然后放入模型加压成饼状，去模烘干，外包油纸，节省空间，适合长途运送。

另一种是再精制、去茶枝杂质的散茶，或为条形状，或为珠球状。

在制茶过程中，为了让茶叶质量平均，有时会将老叶嫩叶以不同的比例调配，上等茶则以嫩叶为主。

按照调配比例及造型，可分为沱茶（碗状）、紧茶（碗状多一把柄，形似蘑菇）、饼茶（圆形）、七子饼茶（七个圆形茶饼包成一盒）、小方砖茶（方形）、金瓜等。

普洱茶的特色是：发酵后的茶汤浓郁甘甜，香气十足。消油腻、解渴、耐泡，适合藏民做成酥油茶。

普洱茶记说仔细

清宣宗道光五年（1825 年），阮福去过云南之后，写了一篇《普洱茶记》，成为描述普洱茶最完整的作品，让我们今天更能理解普洱茶的种种。

阮福说，普洱茶名满天下，茶味最浓，京师尤其重视它。

阮福来到云南，翻阅《云南通志》，没有得到详细的答案。不过，普洱茶产在攸乐、革登、倚邦、莽枝、蛮专、曼撒六个茶山，其中倚邦和蛮专两地所产质量最好。

阮福考察古书，普洱府为古代西南民族的边地，历代均未内附。檀萃《滇海虞衡志》说，普洱茶不知从何时起出现。南宋诗人范成大说，南渡之后，桂林之静江军，以茶交换西藩之马，可见云南当时还没有茶。

在新疆看见的云南普洱茶。

南宋李石《续博物志》说，茶出银生诸山，采无定时，掺杂辣椒、生姜，烹煮而饮。普洱古代属于银生府，则西藩使用普茶，自唐时已有，宋人不知道，还在桂林以茶易马，难怪云南的马就没有在中原地区出现了。

清朝顺治十六年（1659 年），云南平定。（吴三桂等攻下云南，明桂王撤退到缅甸，云南归属于大清版图，吴三桂被封为云南王。）

云南虽然归附，终究反叛被诛，地属元江通判管辖。普洱等六大茶山，改设普洱府，分别设防，思茅同知（知县）驻守思茅，此地离普洱府衙门所在地120里。

思茅有六大茶山

所谓普洱茶，并不是普洱府所产，而是产于普洱府所属的思茅地方界内。（思茅市在普洱市东南）。思茅有六处茶山，包括：倚邦、架布、褶崆、蛮专、革登、易武。这些地名与《云南通志》记载的略有不同

阮福检阅贡茶案册，得知每年云南进贡的茶，按例在布政司库铜锡项目下，动之1000两银，由思茅厅领款转发采办，并作为置办收茶、锡瓶、缎匣、木箱等费用。

普洱茶产在思茅，在当地收取新鲜的茶叶时，必须要有三四斤生茶，才能做成一斤熟茶。每年准备上贡的有每个五斤重团茶、三斤重团茶、一斤重团茶、四两重团茶、一两五钱重团茶。锡瓶装的有芽茶、蕊茶。缎匣装的是茶膏。以上共计八种，由思茅同知领款承办。

《思茅志稿》说，革登山（六大茶区之一）有茶树王，比其他的茶树都高大。当地人采茶时，要先摆设酒水在此祭祀。

《思茅志稿》又说，茶产于六山，风味随着土质不同而有所差别，生于赤土、或土中杂有石头的，茶味最好，能够帮助消化食物、驱除寒气、化解身体里的毒素。

采制时间定茶名

二月间采的茶蕊（刚刚冒出的茶芽），极细而白（有白毫），称为“毛尖”，先作贡茶，上贡之后，如有剩下，才允许民间贩卖。

采茶之后，先用蒸气杀青，再揉制加工成圆饼形的团茶、饼茶。芽叶刚展开，还很鲜嫩的，名为“芽茶”。

三、四月间采制的，称为“小满茶”（小满为阳历 5 月 21 日前后）。

六、七月间采制的，称为“谷花茶”。（谷花属于秋茶，《思茅志稿》所提月份，应为阴历）。

茶叶做成圆形大饼的，称为“紧团茶”。小而圆的，称为“女儿茶”。女儿茶通常由妇女们采收，于谷雨前采得（谷雨是阳历 4 月 20 日前后），也就是每个四两重的团茶。

茶叶经过商贩之手，将细叶放在团茶外面，里面夹杂粗叶，称为“改造茶”。

在揉茶时，预先选择茶叶劲黄而不卷曲的，称为“金玉天”。

茶叶固结而不容易解开的，称为“疙瘩茶”，味道极为醇厚而难得。

种茶人家，必须勤于除草，茶树周遭如果草木丛生，则所产茶叶味道不好，难以销售。如果茶叶和其他的东西放在一起，则茶叶吸收了杂味，也就不堪品饮了。

乾隆爱喝普洱茶

普洱茶在清朝雍正年间成为贡茶，民间尚未风行。后来随着乾隆皇帝喜爱普洱茶，还写诗称赞，普洱茶逐渐在民间流传开来。

雍正年间，乾隆还在当皇子的时候，已经喝起普洱茶了。有一年冬天，乾隆在他的养心殿与宾客煮茶谈天。

事茶人拿出瓷盆装水，水质非常清澈，明亮到足以让琉璃含羞。石头做的火炉，也开始起火燃烧松木。

宾主坐在明窗前，准备喝一杯早茶（喝早茶雅称浇书），炉火已经由文火加热到热火了。

洁白如玉的冰块，与翠绿色的冰瓮相辉映，也成了碧绿冰。取出后放在玉盘上，好像圆镜分光忽然脆裂。

冰雪轻盈透彻，与玉壶中的冰块不相上下，冰上映出各种颜色，好像绫罗丝缎一样颜色缤纷。

烧水的陶罐驻春才刚放到火炉上，已经冒泡如鱼眼。装着各种茶叶的竹匣摆放在茶盘上。

惊蛰后采摘的明前茶、谷雨前采制的雨前茶，看起来脆硬，实际上柔软。凤团小团茶包装上印着双鸾凤，也舍不得把双鸾凤拆散。

唯有普洱茶味道最醇厚、刚劲，若要清纯幽香，则不能与雀舌（西湖龙井茶有雀舌，叶细长如鸟雀之舌）相比拟。

冰雪融入滚水，冲点出一碗金黄色的普洱浓茶，好比珍贵搜集露水得来的金华露。陆羽所说的泉水泡茶，比起冰雪点茶，应该自觉惭愧拙劣吧。

普洱茶喝起来寒香温馨，俗虑尽消，让人神思泉涌。精制的蜀纸和端砚已经准备在书桌上了。

兴趣一来，提笔吟写了一首诗，韵脚协和，仿若冰霜一样，备感清新佳绝。

《烹雪用前韵》原文

乾隆所写的这首喝普洱茶诗，放在《乐善堂全集》，题目就是《烹雪用前韵》。原文如下：

瓷欧瀹净羞琉璃，名铛敲火然松屑。

明窗有客欲浇书，文武火候先分别。

瓮中探取碧瑶瑛，圆镜分光忽如裂。

莹彻不减玉壶冰，纷零有似琼华缬。

驻春才入鱼眼起，建城名品盘中列。

雷后雨前浑脆软，小团又惜双鸾坼。

独有普洱号刚坚，清标未足夸雀舌。

点成一椀金茎露，品泉陆羽应惭拙。

寒香沃心俗虑蠲，蜀笺端研几间设。

兴来走笔一哦诗，韵叶冰霜倍清绝。

乾隆的普洱茶诗，让喜欢喝普洱茶的人更添一段佳话。其实，普洱茶早已风行各地，近年来也成为亲友往来的伴手礼。云南还有滇红（红茶）、昆明的十里香绿茶、大理下关的沱茶，也都有名。云南茶乡的温情，早已长留在爱茶人的心中。

6. 武夷岩茶

福建武夷山的岩茶，是中国十大名茶之一，自南北朝以来，历经 1500 多年，在唐代陆羽撰写《茶经》时尚未受到重视，后来却成为皇室贡品，声望愈来愈高。

武夷岩茶是因生长在武夷山的岩石中而得名，最著名的是“大红袍”，最古老的是“晚甘侯”。

大红袍的名称，有一段传奇。据说古代一位穷秀才进京赶考，路经武夷山时病倒了，腹部鼓胀疼痛不已，天心寺的老和尚用一种茶治好了秀才的病，并给他一包茶叶备用。

秀才进京赶考，不负所望，中了状元，成了驸马。有一天皇后腹部鼓胀疼痛，状元郎想起老和尚给他的一包茶叶，乃献给皇后喝，果然治好了腹部鼓胀疼痛的病。皇上龙心大悦，问得缘由之后，吩咐状元驸马前往武夷山封赏。

状元郎来到天心寺，找到老和尚，说明经过。老和尚带他到天心岩九龙窠，指着岩壁上的三棵茶树说，这就是治好你和皇后腹部鼓胀的茶树。

状元郎将大红袍覆盖在茶树上，加以表扬，三棵茶树都现出红光，因此人称“大红袍”。

其实，大红袍茶树茶芽紫红，在春天时因阳光反射而显出红光，因此充满神奇，所采茶芽茶叶做成乌龙茶，因土质气候特殊，而别有韵味，受到识茶人的赞赏。

由于大红袍母株产量甚少，每年限定采摘若干叶，无法长久延续。因此，

1892 年剪枝扦插繁殖成功，2006 年原有的母株茶树停止采摘留养，新繁殖的茶树已经可以量产，使得大红袍可以延续下去。

“晚甘侯”也是武夷岩茶的一种，根据宋朝陶谷《清异录》提到“晚甘侯”，说是唐朝孙樵《送茶与焦刑部书》，内称：“晚甘侯 15 人遣侍斋阁，此徒皆清雷而摘，拜水而和，盖建阳丹山，碧水之乡，月涧云龛之侣，慎勿贱用之。”

原来“晚甘侯”说的是建茶，受到风雷云雨日月的照顾，出入喉不觉得有何特色，却是越来越回甘，所以称作“晚甘侯”，自唐代已有，至今甚为难得。

厦门是福建茶叶出口到世界各地的重要港口。

福建武夷山区自宋代设立北苑皇家茶园之后，日益受到重视。元成宗大得六年（1320 年）也在武夷山九曲溪的四曲溪畔，设立“御茶园”，负责制作青散茶，作为皇室贡茶。后来又制作“三红七绿”的乌龙茶，是近代武夷乌龙茶的起始。

武夷岩茶品目很多，其中以大红袍、肉桂、水仙、乌龙、铁观音最有名，均属青茶乌龙系列，浓香持久，味浓甘醇，饮后口齿留香，深受爱茶人的欢迎。

武夷岩茶以采摘春茶为主，约占全年产量的 90%，夏茶占 10%，一般不采秋茶。

厦门展览馆经常举办中国茶叶博览会，吸引海内外爱茶人士前来参观。

春茶在立夏前开采（阳历5月5–6日），采期约20天。夏茶在芒种（约为6月6–7日）前2–3天采收。采摘标准与绿茶不同，须等顶芽开展（大开展）后，采摘2–3叶的新梢，才能制成香高味厚的乌龙茶。

乌龙茶讲究晒青、晾青、摇青、作青、杀青、揉捻、初焙、文火烘干等过程，达到发酵适度、香气高、味道醇厚的要求。

武夷岩茶每年在制茶后，都会举办“斗茶会”，比赛哪一家制的茶最好，比赛项目包括水质、茶汤味道、茶香、外观等。或许是这种不断比赛求进步的方式，促使武夷岩茶不断地改进。

武夷山斗茶，自唐宋时代即有。北宋名臣范仲淹曾经写下《和章岷从事斗茶歌》，描述武夷地区采茶、制茶、斗茶的过程。这首《斗茶歌》的原文是：

年年春自东南来，建溪先暖冰微开。

溪边奇茗冠天下，武夷仙人从古栽。

新雷昨夜发何处，家家嬉笑穿云去。

露芽错落一番荣，缀玉含珠散嘉树。

终朝采掇未盈襜，唯求精粹不敢贪。

研膏焙乳有雅制，方中圭兮圆中蟾。

北苑将期献天子，林下雄豪先斗美。

鼎磨云外首山铜，瓶携江上中泠水。

正山红茶是福建武夷山桐木关的特产，有“红茶始祖”之称。

老布朗山金芽饼，是云南老布朗山古茶树的芽茶饼，非常珍贵。

黄金碾畔绿尘飞，碧玉瓯中翠涛起。

斗茶味兮轻醍醐，斗茶香兮薄兰芷。

其间品第胡能欺，十目视而十手指。

胜若登仙不可攀，输同降将无穷耻。

吁嗟天产石上英，论功不愧阶前蓂。

众人之浊我可清，千日之醉我可醒。

屈原试与招魂魄，刘伶却得闻雷霆。

卢仝敢不歌，陆羽须作经。

森然万象中，焉知无茶星。

商山丈人休茹芝，首阳先生休采薇。

长安酒价减百万，成都药市无光辉。

不如仙山一啜好，泠然便欲乘风飞。

君莫羡花间女郎只斗草，赢得珠玑满斗归。

武夷斗茶的风俗至今犹存，范仲淹的《斗茶歌》，也为武夷岩茶增添一段佳话，让爱茶人更加向往武夷山的好茶。

五——茶器陶艺

1. 相公喝茶

相公在书房里看书，书桌上放一杯茶、一本《红楼梦》。

妙玉先拿了一个自己常用的绿玉斗给宝玉，准备倒茶给宝玉喝。这绿玉斗大约等于适量的一杯茶，谁知道宝玉想和林黛玉、薛宝钗一样用更宝贵的古董杯子，妙玉就拿了一个特大的竹雕杯子给宝玉。

看到这里，相公不觉也拿起杯子，喝了一口茶。

看书喝茶，无拘无束，想喝一口，就啜一口。使用的杯子也不必讲究，普通喝水的杯子就可以了。

过了大半天，不觉已到下午三点。相公正在跟着宝玉神游太虚幻境。忽然听到娘子的声音："相公，来喝下午茶吧。"

相公睁眼一看，娘子用茶盘端了两杯茶，站在书桌前。

为了不弄脏书桌，娘子先在书桌上铺一块红巾，取下茶盘上的茶壶，放在一旁，两个小杯子放在红巾上，杯子下有块小垫子。娘子玉手欣然拿起茶壶，在茶杯里各倒了一小杯茶，旁边还有一小块蛋糕。两人相敬如宾，喝起自己做的"听涛茶"来。

相公喝了茶，看着茶杯、茶壶、茶盘，笑着说："娘子，前几年您做的茶杯、茶壶、茶盘，搭配我们自己做的茶，还真有韵味呢。"

两人喝茶，需要动用的茶具可就多了，包括茶巾、茶盘、茶杯、茶壶、杯托、茶点等，还一应俱全呢。

其实，简单一些，娘子端给相公一杯茶，就已经是三生有幸了，哪敢再奢求什么呢？

喝茶可以是一个人独喝，也可以是两人对酌，当然也可以几个人一起品茶。独饮可以神游随兴，对饮好比敬亭山，相看两不厌。好友一起品茶，可以分享乐趣，也可以和敬安寂，仿若在仙境悠闲地品赏。

书房喝茶，气氛高雅。松下问茶，人间仙境。路边喝茶，闹中取静。细细品琢，茶中有味。大口一杯，豪迈牛饮。端杯欣赏，更有韵味。茶汤是红花，茶器是绿叶，若非有缘人，谁识茶真味。

相公与娘子，悠闲地喝杯下午茶，人生之至乐也。

2. 陆羽采茶

陆羽会种茶、采茶、造茶，还会制作茶器，真是爱茶人。

相公看书，看着看着，发现一件趣事。陆羽要去采茶，还有诗人为此写诗送他去采茶。

原来陆羽要去江宁近郊（南京）的栖霞寺采茶，唐代诗人皇甫冉、皇甫曾各写了一首诗，送他去采茶。

陆羽从唐玄宗天宝十五年（756 年）起，云游各地采茶、制茶、评水、试茶。肃宗至德二年（757 年），陆羽来到江苏无锡，品试惠山泉，认识了正在无锡担任无锡尉的皇甫冉。

皇甫冉（718–771 年）江苏镇江（唐时属润州）人，是晋代批注过《鬼谷子》的皇甫谧的后代子孙。他是天宝十五年（756 年，安禄山反，玄宗离京，肃宗在甘肃灵武即位，至德元年）的进士，获派担任无锡尉。他的弟弟皇甫曾，却是天宝十二年（753 年）的进士，曾经担任侍御史、舒州司马（安徽安庆一带）、阳翟令（河南禹州）。

送陆鸿渐栖霞寺采茶

肃宗干元元年（758 年），陆羽前往江苏江宁（南京）栖霞山，寄居在栖霞寺，研究茶事，皇甫兄弟多次来访。

陆羽在无锡见过皇甫冉，可能也见过皇甫曾。大约是在肃宗至德二年（757年），陆羽（字鸿渐）在无锡对皇甫冉说，要去栖霞寺采茶，皇甫冉就写了一首诗《送陆鸿渐栖霞寺采茶》，皇甫曾也写了一首诗《送陆鸿渐山人采茶》，推断这两首诗是在同一时候、说同一件事。

皇甫冉说，采茶，不是采 草（荩草，黄色染料草），采茶要到很远很远的山崖上去，春风一吹，天气暖和，新叶布满枝头，采满一箩筐，大白天也过午了。过去曾走过通往栖霞山寺的路，非常遥远，当时天色已黑，只好借宿在山野人家。此次陆君远道前往，不觉想要借问山上的珍贵茶树，何时才能看到陆君采茶回来冲泡一碗茶？

这就是皇甫冉写的送行诗原文：

采茶非采菉，远远上层崖。

布叶春风暖，盈筐白日斜。

旧知山寺路，时宿野人家。

借问王孙草，何时泛椀花。

皇甫曾也说，千山正在等候天涯过客的光临，春天的茶芽已经到处滋生了。采摘茶叶总是在深山无人之处，天上的云霞也会羡慕陆君的千山独行。清幽的栖霞山寺实在很远，沿路要泡茶造饭的话，山中的石泉水清甜。每到寂静的灯火时分，听到山寺传来念经的敲磬声，不觉就想起陆山人还在栖霞山寺啊。

皇甫曾赠诗的原文是：

千峰待逋客，春茗复丛生。

采摘知深处，烟霞羡独行。

幽期山寺远，野饭石泉清。

寂寂燃灯夜，相思一磬声。

乾隆也到栖霞寺试茶

皇甫曾这首诗，没想到在1200多年后，还被乾隆皇帝拿来做文章。

清朝乾隆四十九年（1784年），乾隆皇帝第6次来到栖霞山，他想起皇甫曾曾经写诗送陆羽到栖霞山采茶。于是，他就以皇甫曾的诗韵来写诗——《白乳泉试茶亭用皇甫曾送陆鸿渐山人栖霞寺采茶诗韵》。

乾隆题诗说：

采茶遂试茶，弗焙叶犹生。

疑举且吃语，但期此话行。

羽踪藉因着，曾句亦云清。

泉则付无意，淙淙千载声。

这首诗，透露三点讯息：

（1）乾隆时代，栖霞山还产茶。

（2）乾隆的随行人员或山僧采茶以后，没有烘焙就请乾隆试茶。

（3）栖霞山上有白乳泉可泡茶，皇甫曾也说“野饭石泉清”。

但是，陆羽到栖霞寺采茶之后，撰写《茶经》时，只说“润州江宁县生傲山”，而且与苏州洞庭山的茶，质量同属于第四级。现在洞庭碧螺春已经是中国十大名茶了，栖霞山茶却没有踪影。

栖霞山，因为山中有许多药材可以养生，所以也称为摄山。可是它跟傲山有何关系？

一般解释《茶经》的数据提到，傲山在南京市郊。栖霞山在南京东北 22 里，栖霞寺在栖霞山西麓。

傲山在陆羽的时代属于栖霞山？或是江宁县傲山就是栖霞山？皇甫冉明说是送陆鸿渐栖霞寺采茶，《茶经》不提栖霞山的茶，难道栖霞寺的茶不好喝？

乾隆的时代，为什么试喝的茶是没有烘焙的？难道还用蒸茶的古法吗？

相公决心自己去采茶，自己烘茶，来解开这个千古谜团。

3. 相公采茶

相公今天不读书。人间四月天，气温回暖，阳光温馨，相公决定与娘子上山采茶。

记得陆羽说过：当天有雨就不采茶，晴天有云也不采，一定要大晴天才采茶。可是，万一是云雾缭绕的山顶上，终年不散，怎能不采茶？

雨天不采茶，可以理解，因为会淋雨。茶叶淋雨后，吸收了很多雨水，不容易发酵，做出来的茶也没味道。

晴天有云，只要把茶叶上的露水晒干了以后，还是可以采摘吧。当然，大晴天采茶，茶叶容易萎凋发酵，质量比较好。

茶学学者刘熙说，采茶日的气候，对制茶质量有极大的影响，通常晴天而有北风的天气，所采茶叶制成的茶，质量最好。阴天或朝露未散、叶面带着露珠的茶芽，采摘起来做茶，香气较差，雨天采摘的茶，品质更差。因此，采茶多在晴天上午10时至下午3时之间采摘。

春茶萌发，娘子采茶。

天色不早了，已过上午10点钟，茶叶上的露珠已晒干，是可以采茶了。

他们背着竹篓，是用竹片编成的圆形小篮子，可提、可背。这也就是陆羽所说的“籯”（音盈，又称篮、笼、筥），都是用来装茶叶的。

陆羽说，茶芽有三枝、四枝、五枝的，要挑选枝叶挺拔的采。这不就是要找强壮的茶枝来采叶吗？现代的采茶法，都是找茶芽长出一心两叶、一心三叶、一心四叶者，挑选枝叶尚柔嫩的、芽心还长毛的（白毫）幼芽采摘。

猴魁茶四拣八不采

产于安徽黄山地区的安徽太平猴魁茶，是中国的十大名茶。当地人采茶的标准是“四拣、八不采”。

四拣是：

（1）拣山：挑选朝北而云雾笼罩的茶园，采摘柔嫩芽叶。

（2）拣棵：挑选生长旺盛、无病虫害的茶树，采摘健壮芽叶。

（3）拣枝：挑选健壮的枝干，采摘生长均匀的芽叶。

（4）拣尖：挑选柔嫩肥壮多毫的芽叶采摘。

八不采是：

（1）无芽不采：当然，没有茶芽要采什么？老叶不堪采，采了也没用。

（2）小不采：芽叶太小，还没长大，采了可惜，当然要等她长大再采。

（3）大不采：芽叶大了，比较生硬，勉强采下来，也无法揉制成茶。

（4）瘦不采：瘦芽叶营养不良，不忍心采，让她再长肥一些吧。

（5）弯弱不采：猴魁茶要做成紧直两头尖，弯曲的、柔弱的，都无法胜任。

（6）虫食不采：被虫咬了，叶片不好看，而且会卷曲，不能做茶。但是，东方美人茶则以小绿蝉咬过的产生果香为号召。被虫咬的太明显就不采了。

（7）色淡不采：芽叶颜色鲜艳，如果色淡，表示茶色不够，不是健壮的芽叶。

（8）紫芽不采：紫芽掺杂，影响翠绿质量。但是，长兴顾渚紫笋茶，强调的就是紫芽。这是选择标准的问题。

相公采茶唱山歌

相公和娘子依照古人的采茶标准，挑选一些漂亮的、肥嫩的、长相好看的，逐一采摘。相公从篱笆的左手边采起，娘子从篱笆的右手边采摘过来。两人距离不到50米，声息相闻。

娘子说："我看到一只蝴蝶。"

相公说："这里有一只青蛙。"

娘子说："篱笆边开了许多鸢尾花。"

相公说："青蛙生了好多蝌蚪。槟榔开花了。"

相公不觉唱起山歌来："高高的树上结槟榔……"

娘子说：“别唱了，又不是在采槟榔。”

相公只好闭嘴，心想，云南的姑娘打扮得很漂亮去采茶，究竟是为什么呢？

两人渐渐靠近，最后会合在荷花池边，看着荷叶刚刚长出来，大概要到五月底才有荷花可泡茶吧。

娘子说：“什么？荷花是要边喝茶、边欣赏的，怎么要把她泡茶喝了？”

相公说：“荷花开过了，就可以泡茶了呀。”

娘子说：“真是不懂得惜花。”

相公说：“茶采完了，那就回家去做茶吧。”

两人携手下山，留下茶叶继续生长。

4. 相公古法做茶

相公在小木屋旁边挖了一条壕沟，深约两尺，宽两尺。又在屋前回廊下，盖了一个柴灶。

娘子看了不解，连忙问：“你这是做什么？”

相公回说：“陆羽《茶经》上说，灶，用来蒸茶的，可用没烟囱的。釜是蒸茶用的锅具，上面要放竹篓子装刚采下来的茶芽。”

娘子问：“那条水沟作何用？”

相公回说：“要烘焙茶。陆羽说，焙，要挖地深两尺，阔两尺五寸，长一丈，上面用泥土做短墙。”

娘子问：“怎么烘？”

相公说：“土坑上面搭盖棚子避雨，坑上架放两层木头，横杆上挂着茶饼，细火慢烘。下面一层的茶饼烘干了，挂到上层去，换半干的茶饼继续烘焙，一直到茶饼都干了为止。”

娘子问：“茶饼怎么挂起来呢？”

相公说：“茶芽蒸熟后，放在一块木板上，把茶叶捣烂，放进模子，做成圆饼形状，当中要留一个圆洞，用竹棍子穿过，半干后就可以挂起来烘焙了。”

娘子笑着说：“现在哪里还有人这样烘茶？现在都用机器揉茶、烘茶，一下子就烘干了。”

茶叶采摘后，可以日光萎凋，也可以在室内阴凉萎凋。

茶叶经过锅炒杀青、揉捻后，出现绿叶红边，然后放在室内发酵。图中的茶叶正在发酵中。

陆羽茶经提到，喝茶首先要有风炉与木炭。（摄于鹿谷茶文化馆）

唐宋喝茶，茶饼要先用茶辗子压成碎末，才能冲泡成茶。（摄于鹿谷茶文化馆）

喝茶需要茶器，茶壶、茶杯、茶盘（茶海）是基本配备。（高莉瑛作陶）

相公说："我们用古法种茶，当然也要用古法做茶啦。现在什么东西都强调'遵古法制'，就是因为古法讲究顺应天然，慢工出细活，可以做出好东西。"

娘子说："如果唐代的造茶法那么好，为什么到现在就失传了？"

相公说："造茶法经过改进呀，唐代造茶法是蒸茶、捣烂，做成像大饼那么大的茶饼，要吃茶的时候，再把茶饼敲出一小块，磨细了，用茶鼎煮来喝，有点像现在煮普洱茶的方法。"

娘子问："到宋朝呢？"

相公说："宋朝时代还是用蒸茶法造成小型茶饼，也是敲碎了煮来喝。当然唐宋都有散茶和末茶，所以才会传到日本成为'抹茶'。"

"后来呢？"

相公说："后来嫌麻烦了，蒸茶改为炒茶，比较香，茶饼也减少了，有些民间改做一叶一叶的散茶。到明朝，又嫌茶饼还要敲碎太麻烦，不如做成散茶，直接可以泡来喝。"

娘子说："历代做茶法都不断改进了，你还要用挖坑法来烘茶吗？"

相公笑着说："不要了，太麻烦了。我要用更方便的方法来造茶。只要把茶芽摘下后，经过萎凋、炒茶、揉茶、自然发酵，再用细火烘干就可以了。"

相公又说："不过，喝茶的茶器，要讲究美学。陆羽自己烧制茶器，我们也自己来做茶壶、茶盘、茶杯等茶器吧。"

娘子说："你可给我出了一道难题。烧制陶器要先盖柴窑呀。"

于是，相公和娘子决定盖窑烧陶。要喝到自己做的茶，还真不简单哪。

5. 女娲盖柴窑烧陶

娘子早年曾经跟随台湾陶艺名家吕嘉靖老师学做陶，认识了多位陶艺界的朋友，后来有几位娘子决定组成“女娲彩陶”雅集，继续切磋陶艺，闲时喝茶聊天。

吕嘉靖老师除了在台湾教学外，也在上海复旦大学讲学传授陶艺，他曾考察过大陆的几座古代官窑。

娘子商得吕老师和女娲们的同意，决定一起在听涛园盖一座柴窑。当过台湾陶艺学会理事长的吕老师热心支持，策划柴窑蓝图，亲自指导众女娲的相公们整地、铺水泥、砌砖墙、盖窑顶。接着还要盖烟囱，吕老师找来他的学生帮忙，老师亲自砌烟囱。烟囱尾巴高高昂起，好像神龙摆尾。窑口张开，两眼有神，好像龙头，因此，将柴窑命名为“龙腾窑”，期望将来烧窑时像一条火龙，烧陶顺利。

柴窑盖成后，大家决定开始烧窑。老师指导大家完成许多陶艺作品，拿到听涛园集合。老师亲自排窑，顺着可能的火路，摆放大件小件已经阴干的土坯，一个窑可以放置近百件的陶艺作品。

大火焠炼陶成器

烧窑的第一天下午，大家要先祭拜窑神，保佑一切顺利。然后点燃瓦斯，小火慢烤一个晚上，让泥土里的湿气慢慢烘干，免得大火一烧，陶土立即爆裂。

台湾陶艺名家吕嘉靖老师主持烧窑，需要五天四夜烧到1200℃以上，才能烧成。（郑绮时摄影）

第二天上午，开始投柴火攻，要从100℃以上烧到1200℃，火不能熄灭。女娲们排班轮流照顾柴火，众相公们要搬运薪柴，帮忙投到窑里去，女娲们也准备了许多点心，大家好像在办同乐会，好不热闹。

烧窑需要五天四夜，第一个晚上点火仪式，不需要有人照顾，第二天起，晚上也要轮流值班，不停地投入柴火。随着温度逐渐升高，窑口也愈来愈热，必须穿着消防衣、喝凉水，才能防热。

到第五天早上，老师带领弟子开始攻顶，要从1000℃升高到1200℃，需要天气配合。如果碰到阴雨天，由于大气压力的问题，就比较难以突破1200℃。

温度计的指针上上下下，大家望着温度计喊加油、做记录，一旦突破1200℃，大家齐声欢呼。老师带头和泥封窑，把所有的气孔都堵住，让里面的柴火在没有氧气的状况下烧完。

封窑之后一个星期，窑温慢慢退下来了，大家再定期来开窑。开窑前也要先诚心祭拜天地，感谢烧窑顺利。

开窑端出好东西

开窑那一天，老师首先敲开泥封的砖头，一股瓦斯热气会从窑里冒出，女娲们不能首先进窑去看，否则会被余温烧烫头发。通常都是老师先四面八方看一看，再用灯光照一照窑内的状况，然后再由老师进窑去，一件一件地把成品递送出来，大家在窑门口接手，然后放在地毯或草席上，让大家一起欣赏。

在“女娲彩陶雅集”众人的努力下，烧出一窑好茶器。

开窑完毕，老师会做讲评，然后大家才各自把作品带去刷洗整理，快乐地回家，期待下次再相聚。

夏天烧窑，汗如雨下，但晚上很凉快。冬天烧窑，好像在烤火炉，不觉得冷。只有值晚班的人，要抱着棉被在窑边睡觉，守着炉火。烧过几次以后就有经验了，夜里每小时丢几块大木头，让它慢慢地烧，值班人就悄悄地睡一下，只要火不灭，维持一定的温度即可，次日早上再投柴猛攻也可以。

过去十年中，女娲们大约烧了十次窑，累积了许多陶艺作品，用来喝茶赏陶，古拙有趣，别有风味。

茶器可以增添茶汤之美，用自己烧制的茶器，喝自己制作的好茶，可与陆羽同乐啊。

6. 古法品茶之器

相公古法采茶、造茶，古法烧制茶器，也想要遵古使用茶器、古法来品茶。

古人使用什么茶器呢?

陆羽《茶经》第四章《茶之器》所提到的喝茶器具，还真多呢。他提到：风炉、筥、炭檛、火荚、鍑、交床、夹、纸囊、碾、罗合、则、水方、漉水囊、瓢、竹荚、鹾簋、熟盂、碗、畚、札、涤方、滓方、巾、具列、都篮。

古人为了喝一杯茶，竟然需要这么多道具，会不会很麻烦了?

风炉釜鍑来煮水

相公闭目冥想，看见陆羽在茶室里摆了一个风炉，一个煮水的锅子（鍑，或称釜），风炉里炭火兴旺，正在煮水。

煮水器具还有一个放木炭的竹笼（筥）、敲碎木炭的炭檛（槌）、夹取炭火的火荚、添炭火的竹荚。

风炉旁边放着一个碾磨茶饼成末茶的碾子，喝茶前先将茶块放入竹子或铜铁制做的夹子用火烧炙出香气，再放入碾子研磨成末茶，茶粉放入纸囊，再倒入竹子做的盒子里（罗合）储存。罗合内有一支竹子做的茶则，每烧一升水（约等于一公斤水，一壶水），用一则茶末去煮，喜欢浓茶的，可以增加茶末的分量，爱喝薄茶则减量。

古人喝茶会加盐?

罗合（茶末罐）旁边还有盐罐（鹾簋，音嵯轨），可能唐代的人喝茶可以加盐。

风炉后面放着一个竹子做的橱柜，上面摆着茶杯（碗）、茶壶、茶巾、水方（倒水的器具）、熟碗（倾倒热水）、滓方（倾置已喝过的茶末）等器具。

室内还有一个竹皮编制的都篮，用来摆放外出喝茶的锅炉杯盘等器具。

陆羽喝茶，另有一套规矩，和现代喝茶法已有不同。相公看到那么多的茶具，已经知道古人喝茶的艺术没那么简单，不免呼呼去梦见周公了。

7. 现代茶艺谈茶器

唐代距今已经一千多年，喝茶的方式已经改变很多，茶器当然也有增减，随兴喝茶与茶会茶艺的气氛、茶具使用，自然会有差异。

台北“人澹如菊”茶书院主持人李曙韵老师对茶道有深入的研究。在她的著作《茶味的初相》中，她对茶器有几篇论述。

古鼎火炉有玄机

她说，“见茶器如见茶人”，也就是说，从茶器的使用，可以看出茶人的想法与修行。不同的场合，可以选择不同的茶器，以烘托茶席的气氛与品味。

茶会的主角是火炉、烧水壶、泡茶壶、茶杯和好茶叶。

陆羽使用的风炉，就是有如古鼎形状的铜铁铸炭炉，厚 3 分、边缘阔 9 分、直径 6 分，三只脚支撑。

这三只脚各写上不同的古文字，一脚写着“坎上巽下离于中”，第二脚写着“体均五行去百疾”，第三脚写着“盛唐年号某年铸”。

三只脚的中间开了三个窗，有一个窗是为了通风清灰烬之用，另外两个窗应该也是通用口。窗口上各写着“伊公”“羹陆”“氏茶”，也就是“伊公羹、陆氏茶”，伊尹调制羹汤很有名，陆羽烹茶也是一绝，因此相提并论。

铜铁制造的火炉，想必很笨重，不便携带外出。所以陆羽也说可以用灰泥制造火炉。八卦的坎水在上，离火在中，巽风在下，象征水在火上烧，风从其下相助，一切顺利。

“体均五行去百疾”，前提是身体中的金木水火土阴阳五行均衡，自然百疾不侵，暗示喝茶有助于五行均衡，身体健康。

现代人已经很少使用红土风炉，大都改用电炉、电热壶，或瓦斯炉，以节省时间。有些茶会上使用的小火炉，造型仿古美观，内用酒精炉烧水，或装设电炉烧水，没有木炭的烟熏味，比较适合在室内场所使用。

烧水泡茶已分壶

陆羽的烧水壶，称作“鍑”，或称“釜”，是生铁制造的。别看只是一只铁壶，构造还很讲究呢。铁壶里面要光滑，比较好清洗。铁壶外表要粗糙，可以吸收火焰，有助于加热。壶身要宽广，可以容纳较多的水。壶盖大小要适中，壶嘴要守在壶身的中心，水烧开后，四周水沸，把茶末集中到中心点，倒茶的时候，茶末也会浮在水中心，比较不会随着茶水倾倒出来。

陆羽认为，茶壶以洪州（唐代洪州窑在江西丰城）的瓷壶，或莱州（山东莱州）的石壶最好。银壶虽好，但太华丽了。

瓷壶似乎不适于用来烧开水煮茶，一般都是用陶壶（类似有提把的熬药壶），石头壶已经很少了，银壶更少，宫廷中大多使用银壶，一般较少使用，除非是在特殊的表演场合。

现代人已经把烧水壶和泡茶壶分开使用。泡茶壶可以使用宜兴紫砂壶，也可以使用瓷壶，或自己烧炼的陶壶。名贵的茶壶多属于收藏的珍品，壶主是否愿意拿出来泡茶，还是一个问题。使用现代陶艺家创作的陶壶或瓷壶，也就成为一种时尚，具有喝茶兼赏壶的雅兴。

盖碗、盖杯，也是泡茶的茶器。茶叶可以直接放在盖碗里，冲泡热水后，可以直接将盖碗端茶待客，也可以将盖碗中的茶汤，用汤匙均分到小杯中，再以小杯品尝。

杯碗质色有妙用

陆羽的时代，以“碗”喝茶。所以卢仝说，七碗茶，吃不得也。

陆羽认为，最好的茶碗，是越州（浙江余姚）生产的，其他依次是：鼎州（陕西径阳附近）、婺州（浙江金华附近）、岳州（湖南岳阳附近）、寿州（安徽寿春附近）、洪州（江西丰城附近）。

陆羽的时代，有人认为邢州瓷（河北巨鹿附近）比越州瓷更好，陆羽不以为然。他认为，邢州瓷色白，茶色会偏丹红；越州瓷色青，茶色会偏绿；邢州瓷像银，越州瓷却像玉；邢州瓷像雪，越州瓷像冰。

瓷杯的颜色，会影响茶汤的颜色。他说，越州瓷、岳州瓷，都尚青，茶汤作白红之色（前说越瓷青而茶色绿），邢瓷白，茶色红；寿州瓷黄，茶色紫；洪州瓷褐，茶色黑，都不适合泡茶。

饮茶确实是一种艺术，可以不讲究地喝，也可以很讲究地喝。饮茶解渴，也可以磨炼心性，体悟为人之道，真是深奥啊。

六 品茶

品茶，是优雅的生活艺术，可以独酌，可以对饮，也可以举杯邀月成三人。

若要品茶，需经烹茶、饮茶，然后才能进入品茶的门径。无心之茶，或许是品饮的最高境界。

1. 陆羽煮茶

茶圣陆羽在《茶经》第五章《茶之煮》提到的煮茶方法，需经炙茶、碾茶、煮水、煮茶末、分茶等几个步骤：

（1）炙茶：火烤茶饼

唐代流行茶饼，称为饼茶，或称团茶。

不论茶饼大小，要喝茶之前，都需要把茶饼敲碎，磨成茶末（抹茶），才能用来煮茶。

炙茶，就是把茶饼放在火上烧烤，可能是为了增加香味，也有消毒杀菌的作用。

原来唐朝以前，多用蒸茶法杀青，再捣烂茶叶，做成茶饼，烘干或晒干后包装储存，便于长途运输到京城进贡皇室，或到各地去贩卖。爱茶人想喝茶的时候，距离茶饼制成已经很久了，或许茶味已失，或许已经再发酵，或许已经潮湿，必须再把它烤热，才能磨成细末。

制茶人为了茶饼卖相好看，或者是为了延长保存期，往往会在茶饼两面涂上米浆油膏，让茶饼看起来新鲜发亮。所以炙茶之前，要先刮去一层油膏，才能看到真正的茶叶。

依照茶饼大小，炙茶可以只砍一角或一块，也可以把一小圈茶饼一次烧烤完成。

炙茶的时候，要用风炉（火炉），柴火只能使用好的木炭，其次是使用桑树、槐树、桐树的木头，其他可能产生杂味、怪味的木头，都不可以使用，尤其是沾染腥腻油臭味的木炭、或有油质的木头、损坏家具木头（有油漆味），都绝对不要使用。因为一旦茶饼吸收各种味道之后，喝起来就有怪味。

炙茶要讲究避风处，如果是在风口，炭火闪烁，不容易把茶饼均匀地烤熟。烤茶要用铁夹或竹夹夹茔，靠近火源，经常翻面，看到茶饼表面的茶叶烤到起泡泡了，有如癞蛤蟆粗粗隆起的样子，就可以离火五寸，再细火慢烤，等到茶香扑鼻、上下都烤熟了，就可以碾末了。

（2）碾茶：磨成茶末

唐代的碾茶机，可以用橘木制造，或以梨木、桑木、桐木、拓木制造，当然也可以用铜铁制造。

碾茶机有点像是近代碾切中药材的机器，可以用手推动车轮式的碾子，来回切磨，等到茶饼已粉碎成茶末了，再用筛子（罗合）筛下最细的茶末，用纸袋趁热装好，收藏在密封的盒子里备用。

（3）煮水：选择好水

煮茶之前要先煮水。

陆羽认为，用山上的水最好，其次是江水，再次是井水。

山水要选择乳泉、石池慢流的水最好，瀑布、急湍之水不要吃，否则会有颈疾。

山谷中多分支细流的水、淤积不流的水，可决堤让水流动一阵子，等到泉水涓涓流动，成为清流了，才可以取水。

江水容易取用，所以要选择离人群远一点的，才能取用，否则会喝到肥水。

井水要选择经常有人汲取的，比较新鲜，否则会有能否饮用的疑虑。

煮水要用铁制的烧水壶，或陶瓷土高温炼制的烧水壶。一升水（约一公斤水）可分五碗，如果宾客多到 10 人，那就要同时烧两炉水。

（4）煮茶：陆羽煎茶法

铁壶（鍑，或釜）煮水，要沸。水滚的时候会有气泡冒上来。当气泡像鱼眼，稍微有声音的时候，称为“一沸”。水壶边缘好像许多气泡珍珠泉涌而上，称作“二沸”。等到壶中水沸腾像波浪一样，称为“三沸”。三沸以上的水，已经老了，不可以喝。

当水一沸时，可加一点盐调味。第二沸的时候，从壶中取出一瓢水备用，用竹荚在铁壶中环绕激荡，再把茶末倒在漩涡当中，产生泡沫。等到水三沸的时候，将瓢中的水冲倒入烧水壶，瓢中水比较温凉，会让沸水停止沸腾，而孕育出茶汤的菁华，产生一些泡沫。

这些泡沫乃是茶汤的菁华，泡沫薄的，称作“沫”，泡沫浓的，称为“饽”。细而轻的泡沫，称为“花”（汤花）。汤花像枣花一样，飘飘然在茶汤之上，又像回潭曲渚的青萍，又好比天气晴朗的天空飘着鱼鳞状的云。泡沫像绿钱漂浮于水边，像菊英飘落在酒杯之中，汤花的造型，遂成为品茶的一种艺术（好像咖啡杯钟用奶水作画一样）。

泡沫虽好，但是，如果泡沫之上有一层水膜，像黑色云母一样，那这个泡沫可不要喝，它可能是油膏等杂质。

第一杯茶最隽永，味香茶甘。第二杯到第五杯都还很好，第六杯之后，除非很渴，否则最好不要喝。

（5）分茶：平均分配

陆羽说，凡是煮水一升，可酌分为三碗，最多分为五碗。人数达到 10 人，就要分两炉来煮水。

茶要趁热喝，茶的精英会浮在茶汤上面。茶冷了之后，茶的菁华随着气而消失，喝了不消化。

茶的本性有限，不宜冲泡很多水，否则茶味淡薄。一杯茶如果只喝半杯，也会觉得味道不够，何况是茶少水多。

茶汤浅黄色，其味香醇，其味甘甜，如果茶汤不甘而苦，那就是喝苦茶了。

2. 陆羽论饮茶

陆羽《茶经》在《茶之饮》篇中，述说茶的重要、泡茶法、茶的九难以及茶客与茶碗的分配。

（1）荡昏寐，饮之以茶

陆羽说，有翅膀能在天上飞的、有毛而能在地上走的，以及会开口说话的，这三类都并存于天地间，靠着饮水和吃东西来生存，可见喝饮的起源和意义，实在已经是源远流长了。

人类为了解渴，就要喝米浆、豆浆等液体；为了消除忧愤郁闷，就要喝酒。为了消除昏沉想睡的情绪，就要喝茶。

把茶作为饮料，起源于神农氏以茶解毒，鲁周公在《尔雅》提到“槚，苦荼”而让茶闻名。齐景公名相晏婴，吃粗糙的饭，搭配烤禽肉和茗菜（以茶入菜做羹汤）。汉朝扬雄、司马相如都提到茶。三国东吴太傅韦曜不胜酒量，吴王孙皓密赐以茶代酒。东晋吴兴太守陆纳，以茶和果接待卫将军谢安来访。刘琨、桓温、左思等人，也都喝茶。

饮茶风气，到了唐朝，更加兴盛。长安京都、洛阳东都，以及江南、四川等地，几乎家家户户都饮茶。

（2）唐代喝茶法

唐代喝茶，有粗茶、散茶、末茶、茶饼。

粗茶是将茶叶蒸熟捣烂后做成茶砖，要煮茶的时候，可敲下一块，碾碎后加入锅中熬煮。

散茶，是将茶叶蒸熟烘干收藏，形状散乱，不经加工。

末茶，乃是将茶叶蒸熟烤干，磨成茶末收藏。要喝的时候，可将茶末放进烧水壶中冲泡或熬煮。

茶饼，是将茶叶蒸熟捣烂，再放进模子做成大小茶饼，烘干后收藏或运输。

煎茶、痷茶、芼茶

陆羽在《茶经》第五篇《茶之煮》提到的煮茶法，是他研创的，后人称之为“陆羽煎茶法”，也就是经过炙茶、碾茶、煮水、茶末调理、煮茶、分茶、喝茶的方法。

在第六章《茶之饮》，陆羽又提到“痷茶法”和“芼茶法”。

“痷茶法”是将茶末放在瓶罐之中，再用开水冲泡，这也是后来壶碗泡茶法（宋代点茶法）的起源。他说，饮有粗茶、散茶、末茶、饼茶。将茶叶切碎，蒸熬烧烤，再舂打成末，放在瓶罐之中，再以热汤浇灌，称之为“痷茶”。

他又说，或者将葱、姜、枣、橘皮、茱萸、薄荷等，与茶叶一起煮。这样的煮法，在三国时代曹魏张揖所作《广雅》有提到：“荆巴间采叶作饼，叶老者，饼成以米膏出之。欲煮茗饮，先炙，令赤色，捣末置瓷器中，以汤浇覆之。用葱姜、橘子芼之，其饮醒酒，令人不眠。”（《茶经》第七章《茶之事》引用）。芼，就是煮羹。古人可以把菜、肉煮羹来吃。所以，加这些料去煮，就是“芼茶法”。

陆羽认为，把茶叶加入葱姜橘皮等作料去煮成滑滑的羹，或煮去泡沫的吃法，简直就是在喝沟渠间的弃水，但是习俗却以此为乐。

所以，陆羽大叫“天啊”。天地养育万物，都有其奥妙的地方。人类所擅长的是，追逐简单而易得的精美事物。能庇护人类的是房屋，房屋要非常精美。人所穿的是衣服，衣服也追求精美。能让人吃饱的是饮食，食物与酒都追求精美。

3. 茶有九难

为什么陆羽说“茶有九难”？若要追求最精美的茶，当然就很难了。

茶的九难是：造，别，器，火，水，炙，末，煮，饮。

（1）造：造茶

造茶难，难在时间的掌控要精确。

茶树从三月初春长出茶芽开始，必须在最恰当的时间采摘芽叶，最好的茶只采新芽，其次是一心两叶。采摘时间也有限制，春茶秋茶都很好，夏茶生长迅速，品质较淡薄，冬茶稀少。

从采摘下来起，茶叶内部已经开始产生发酵作用，随着天气好坏与气温高低，发酵程度有差别，要完全掌控发酵到最好的地步，确实是很难的。因此，每一次造茶，质量都会不一样，原因就在时间的掌握。所以，陆羽说，“阴采夜焙，非造也”，也就是说，阴天采茶、晚上烘焙，这不是正确的造茶方法。

陆羽在《茶经》第三篇《茶之造》提到，茶青出膏（汁液挤干），茶叶表面光亮；茶叶含汁就会皱皱的。晚上造茶，茶色黑。白天茶叶造成，茶色黄。茶叶蒸压后，叶会平整；不压就会弯曲。

陆羽说，认为茶色光亮、黯黑、外形平正的茶叶就是好的，是低下的鉴别法。认为茶色皱黄、外形弯曲的茶叶是好茶的，是第二等鉴别者。凡是大家都说好茶的，以及大家都说不好的，就是最好的鉴别者。为什么？茶的好坏，存于众人的口感。所以大家都说好，那就是好茶；大家都说不好，那就是坏茶。

（2）别：辨茶

茶的好坏，不是只有滋味与香气的问题而已。滋味与香气确实是茶叶的两大关键，茶味有清淡，有浓醇，有苦涩，有甘甜。香气有天然茶香，也有果香、花香。

有人喜欢喝清淡的茶汤，例如西湖龙井茶的特色是："色绿光润，形似碗钉，藏锋不露，匀直扁平，香高隽永，味爽鲜醇，汤澄碧绿，芽叶柔嫩。"

可有人却喜欢喝安溪铁观音的"香高、味厚、回甘、饭后留香"。有人喜欢喝台湾冻顶乌龙茶，因为乌龙茶有红茶的醇厚味，但又比红茶滋味浓强；乌龙茶有绿茶的清爽，却没有一般绿茶的碱涩；香气浓高而持久，饭后留香。

云南普洱茶也是一绝，味道特浓，香气特别，耐泡，也有许多爱好者。其他各种茶类，都有一批忠实的爱好者，也因此才能流传千年。

制茶难，要辨别茶叶的好坏更难。要闻茶叶是否真醇香，要品尝茶汤是否清新或浓郁，有赖识茶人。

所以陆羽说，"嚼味嗅香，非别也"，茶叶好坏的辨别，除了喉韵、香气之外，还有喜好的个人因素在内，需要考虑。

陆羽没有明说的，可能还有茶叶

的质量与安全问题。宋朝黄儒写了一本《品茶要录》，提到茶有十个问题，包括采造过时、白合盗叶（掺和不良的白叶）、入碴（掺入柿叶绒毛等杂物）、过熟、焦釜、压黄（采叶隔日变黄，与蒸过变黄有别）、清膏（茶之没有榨干有苦味）、伤焙（烘焙不当）、辩壑源沙溪（两地相近、品质不同，价差很大、易于掺假）。

茶叶掺假，可能产生质量与安全问题，这却是不容易分辨的事。咀嚼茶味、嗅闻茶香，不算是辨茶，还有其他的问题啊。

（3）器：茶器

使用茶器煮茶、泡茶，需要干净的器具。凡是火炉或锅碗等茶具，沾染了鱼腥羊骚等杂味，都不是可以使用的茶器。

茶，很容易吸收各种气味，茶罐子曾经装过别的东西，留下的气味也会被吸收，喝起来会有怪味，所以茶器必须清洗干净，才能喝到茶的原味。

现代茶叶销售，有的使用纸袋包装，有的使用塑料袋包装，还有使用铁罐、陶瓷罐、玻璃瓶、铝箔包等，都有优缺点，也都需要注意。

（4）火：炭火

陆羽在《茶经》第五章《茶之煮》提到，风炉煮茶所用的柴火，要用木炭，其次才用桑树、槐树、桐树、栎木。如果火炭或木头曾经用来烤肉，被鱼肉汤汁滴到，或是破旧的家具木头（有油漆味），有油脂的木头（柏树、桂树、桧木），都不适合用来烧茶水，这也就是古人所说的"会有劳薪之味"。

有油脂的木头、沾染厨房鱼腥味的木炭，都会让茶汤吸收怪味。所以，陆羽在第六章《茶之饮》才会说：“膏薪庖炭，非火也。”

现代人烧开水，大都使用电炉、酒精炉或瓦斯炉，没有怪味的问题。有些茶席茶会场合，为了展示古人的煮茶法，或是为了创造茶会的气氛，也还有人使用风炉和炭火。

据李曙韵老师在《茶味的初相》引用翁辉东《潮汕茶经》说，橄榄核经过入窑烧炼成炭，燃烧起来无烟味，可用来烧茶。

煮茶泡茶讲究用火，可保持茶的原味与香气，不能不注意。

（5）水：好水

陆羽除了提到泡茶可用的山上水、江水、井水之外，据说还明白指出天下二十处好水，并排列先后顺序。

唐宪宗元和九年（814年）考中进士第一名的张又新，与同期诸生约集于荐福寺，刚好有楚僧也来到，张又新从楚僧的行囊中看到一本书，记载唐代宗（763–779年）时，李季卿奉派担任湖州刺史，抵达扬子驿站时，邀请陆羽泡茶，并且派遣军士就近去取扬子江（长江）南零水来煮茶。陆羽鉴别出军士取来的一桶水，上半桶是江边水，下半桶才是南零水，把大家都吓呆了，李季卿因此请问天下好水优劣。

陆羽说出20个地方：

第一，庐山康王谷水廉水。

第二，无锡县惠山寺石泉水。

第三，蕲州兰溪石下水。

第四，峡州扇子山下有石突，然泄水独清冷，状如龟形，俗云虾蟆口水。

第五，苏州虎丘寺石泉水。

第六，庐山招贤寺下方桥潭水。

第七，扬子江南零水。

第八，洪州西山西东瀑布水。

第九，唐州柏岩县淮水源。

第十，庐州龙池山顾水。

第十一，丹阳县观音寺水。

第十二，扬州大明寺水。

第十三，汉江金州上游中零水。

第十四，归州玉虚洞下香溪水。

第十五，商州武关西洛水。

第十六，吴淞江水。

第十七，天台山西南峰千丈瀑布水。

第十八，郴州圆泉水。

第十九，桐庐严陵滩水。

第二十，雪水。

张又新所著《煎茶水记》记载的陆羽评水这件事，引起后人正反两面的讨论，也让后代文人雅士不断地去亲自品饮求证虚实，想必是个人口感不同，结论也有所差异。

无论如何，时代改变了，一千多年后的今天，人们注重卫生，不敢随便把江水、瀑布水、泉水等拿来喝，因此，泡茶多用消毒过的自来水，或者是用净水器净化过的水，也有使用蒸馏水、矿泉水、麦饭石水来泡茶，总之，飞湍瀑布水、壅积不流的水，都不可以拿来泡茶。

（6）炙：炙茶

唐宋两代，喝茶之前，都要先炙茶，因为都是用饼茶烤熟再研末，所以要炙茶，不过泡茶法已经有变化。

陆羽说，茶饼烤得外熟内生，说不上是炙茶。在《茶经》第五章《茶之煮》中，陆羽提到炙茶的方法有三：（1）不要在风口炙茶，以免火势闪烁，茶饼表面受热不均。（2）要先靠近火炉，烤到茶饼表面出现癞虾蟆背部的泡泡（起泡）。（3）离火五寸，让起泡复平，再烘一阵子，然后趁热碾磨成茶末。

宋朝蔡襄《茶录》说，陈放经年的茶，茶的色香味，都已老，需要放在干净的器具中，以煮沸的水浇淋稍为软化，再刮去表面上的一层油膏约一两重，然后用夹子夹住，在小火上烤干，再碾碎。如果是当年的新茶，就不必如此了。

蔡襄是否认为当年的新茶，不必泡热水刮去油膏，就可以直接炙茶？推想当年的新茶应该还干净，色香味也还在，只要刮去油膏即可烤茶碾细。

蔡襄还说，碾茶时，要用干净的纸包着茶饼，再用锤子敲碎，放到茶碾子去碾。如果是即烤即碾，茶色白，放到第二天，茶色就变昏黑了。这可能是茶末或茶片放到隔天，在空气中氧化的缘故吧。

唐宋的人喜欢茶色白。蔡襄说，茶色贵白，而饼茶多以膏油涂在茶饼表面，所以茶饼有青、黄、紫、黑各种颜色。辨别茶的好坏，好比相人气色，要暗中观察，茶饼纹理鲜润的最好，其次要看颜色，茶色黄白的，显示在制作时含水较重，茶色青白的，在制作时含水较干。所以福建建安地方的人，在试茶时，会选择青白胜过黄白。

陆羽说，制做茶饼时，蒸茶之后，到白天压制成茶的，茶色黄，晚上压制成茶的，茶色黑。

以现代的制茶法来观察，茶汤色青白，显示茶叶没有经过长时间的发酵，多属绿茶。茶色橙黄的，属于半发酵的乌龙茶。茶色深红的，属于高度发酵的红茶或普洱茶。白茶、黄茶、绿茶、青茶（乌龙茶）、黑茶、红茶，滋味各有不同，各有所好，不能一概而论吧。

元明之后，喝茶改用散茶来冲泡，没有炙茶的问题。但是，茶叶放久了，担心色香味改变，也可以用小型烘茶器（焙笼）再烘烤一下子，让茶叶保持干燥，气味也会更香醇。

（7）末：茶末

陆羽说，绿粉细如青白之茶尘，不一定是好的茶末。

那么，什么才是好的茶末？

陆羽在第五章《茶之煮》提到，炙茶后，趁热用纸袋包住茶饼，保存精华之气。等到茶饼凉了，再碾成茶末。上等茶末，细屑如细米，下等的茶末，有如菱角。菱角有两厘米大，显然没有磨碎，只能用来煮茶，不宜用热水冲泡，因为无法迅速出味。

茶末经冲泡后，整碗喝下，这是唐宋的抹茶。如果茶末如粉，茶的质量不好，喝起来色香味均有差别。所以，茶末要细，也要色香味都好，才是好的茶末。

（8）煮：煮茶

陆羽认为，用力搅拌茶水出泡沫，并非煮茶的真谛。

陆羽提倡的点茶法，是在第二沸的时候，从烧水器（釜鍑）中取出一瓢，以竹荚环激汤心，然后用茶则将适量的茶末倒在汤心，再将取出的水以奔涛溅沫的态势倒入釜鍑，阻止锅中水继续沸腾，并使茶汤孕育出茶的精华滋味。

这种方式煮出的泡沫，是茶汤的精华，要平均分配到各茶碗去，让饮者分享，好比今之泡沫红茶，要用力激荡出泡沫，才能产生茶香味。

但是，陆羽认为，煮茶的功夫，不在用力激荡出泡沫，而是要用好茶、好水、好火。如果泡沫有如黑色云母，可能是茶面油膏不清，也可能是茶叶不干净等原因，那就味道不正，不是好茶，不要喝下去。

宋代点茶法，是先微烘茶碗，也就是温杯，再把茶末放在杯碗之中，加入温水调匀，再冲入沸水，用竹筅轻打茶汤均匀，整碗喝下，有如抹茶喝法。这种喝茶法，在宋代传到了日本，成为日本抹茶。

（9）饮：饮茶

喝茶要常喝，才能喝出茶的真味。如果只有在夏天才喝茶，冬天不喝茶，那就不算饮茶。

一天喝茶要几碗（杯）才算是爱茶呢？

陆羽提到的饮茶，是三两好友聚会，主人负责煮茶。如果是珍鲜馥烈的好茶，

品茶可以严肃地喝，喝出禅味，也可以快乐地喝，三两文友聚会，喝一杯自种自制的好茶，千杯也不醉。

最好只泡三碗。品质其次者，那就泡五碗。

宾客多，如何分享呢？

陆羽说，座客五，行三碗，也就是以三碗茶平分给五位客人（不会是一人喝一碗，剩下两人看人喝吧）。座客七，行五碗，应该也是五碗均分给七位客人，这样可以维持茶汤的质量。如果十位客人，那就烧两炉，每炉各五碗。

这碗茶喝完了，然后呢？还有续杯吗？

这要看主人是否继续煮茶分享了，看来唐代请客喝茶习惯上好像以一碗为限，可是卢仝为什么能喝七碗茶呢？苏东坡也曾经一天喝七碗茶。

唐宋时代，茶很贵，好茶不易获得，如非皇上慷慨相赠，或是亲朋好友赠送，或是自己种，哪有那么多茶可泡来请客？所以品茶以一碗为上，点到为止，回味无穷。

4. 卢仝七碗茶歌

唐代卢仝（795–835 年，比陆羽晚生 62 年）喜欢喝茶，有一天有位姓孟的谏议大夫派人送给他三百片茶。他写下《走笔谢孟谏议寄新茶》，说他喝了七碗茶，喝第一碗时，喉咙和嘴里都温润。喝第二碗后，孤闷的感觉没有了。喝了第三碗，搜索枯肠，挤出文字五千卷。喝了第四碗，身体发轻汗，平生不平事，都向毛孔发散。喝了第五碗，肌肉骨头都变轻了。喝过第六碗，感觉好像与仙灵相通了。第七碗茶，喝不得了，只觉得两腋习习生风，快要飘飘成仙了。

卢仝把喝茶的感觉形容得太好了，这篇文章人称《卢仝茶歌》，一直流传到现在。不过，他是不是真的一天喝了七碗茶，还是一口气喝了七碗茶，这有很大的不同呀。

苏东坡曾经去爬山访道友，一天之内喝了七碗茶，还写了一首诗《游诸佛舍一日饮酽茶七盏戏书勤师壁》。可能是他每到一处地方，人家就请他喝一碗茶吧。苏东坡这首茶诗说：

示病维摩元不病，

在家灵运已忘家，

何须魏帝一丸药，

且尽卢仝七碗茶。

千年后，没想到台湾方道人有缘前往南投鹿谷问茶，一天之内也喝了七杯茶，后来还写了一首七杯冻顶乌龙茶诗：

唐代爱茶人卢仝的“七碗茶歌”，写在鹿谷茶文化馆前面，欢迎大家来喝茶。

《冻顶山上喝乌龙》

一杯清香，龙在动

二杯回甘，仙界通

三杯成仙，忽然万事空

四杯下凡，掉入红尘真轻松

五杯清醒，写起诗来李白翁

六杯回味，天上人间都相同

七杯已醉，眼前仙女何朦胧

现代人喝茶，在家里自泡自喝，一天要喝几杯都可以。雅聚品茶，大概以三杯为雅，过多则茶醉了。

5. 宋代点茶法

宋仁宗庆历年间担任福建转运使的蔡襄（1012-1067 年），了解福建制造北苑贡茶的情况，后来在仁宗皇佑年间（1049-1053 年），奉旨参修《起居注》（皇上的生活起居录），仁宗皇帝常常询问建安贡茶的情况。于是，蔡襄写了一本《茶录》，上卷论茶，下卷论茶器。

蔡襄《茶录》上卷论茶，谈到色、香、味、藏茶、炙茶、碾茶、罗茶、候汤、熁盏、点茶。

辨别色香味，是选茶的标准。藏茶是茶叶收藏法。炙茶、碾茶、罗茶（筛出细末），是煮茶的准备程序。候汤是用瓶罐煮水的功夫，原则上还是三沸，但是瓷瓶看不见水沸情形，只能用耳判断水沸的声音。熁盏是用火温杯。点茶就是宋代的泡茶法了。

（1）候汤

蔡襄说，候汤最难，如果水没煮熟（够热），则茶末会浮在汤面。如果水太热了，茶末会沉在杯底。陆羽说水现鱼眼为一沸，也有人说是要等蟹眼才好。

蟹眼比鱼眼小吧？蔡襄却说，出现蟹眼，水就过熟了。水在瓷瓶中煮，看不见，无法辨认水沸程度，所以候汤最难。

南宋罗大经《鹤林玉露》引用其友李南金的话说，陆羽《茶经》认为煮水到二沸时，最适合倒入茶末，宋代点茶，则以二沸之后到三沸时最合适。

宋代用瓶煮水，须以声来分辨。李南金有一首诗说：“砌虫唧唧万蝉催，忽有千车捆载来，听得松风并涧水，急呼缥色绿磁杯。”

现代人用不锈钢烧水壶煮水，一开始也是虫声唧唧，然后大声一些像蝉叫，不久好像千车滚过来，听起来有如松风吹过，涧水流过。那就是大滚了，可以熄火了。这个时候就该把青白色瓷杯拿来冲水泡茶了。

罗大经认为，烹茶煮水要嫩，不可老。因为汤嫩则茶味甘，水老则茶苦。等到煮水声像松风吹过、涧水流过，用来泡茶就太老了。这时要把瓷瓶从火炉上拿开，等到热水止沸了，然后用来冲泡茶末，水温适中，茶味也会甘甜。

所以罗大经也写了一首诗来补充：“松风桂雨到来初，急引铜瓶离竹炉，待得声闻俱寂后，一瓯春雪胜醍醐。”

明代文学家兼画家陈继儒（号眉公，1558–1639 年）可不同意蔡襄的煮水法。他写的《太平清话》说，蔡君谟（蔡襄号君谟）主张汤要取嫩不取老，那是针对团饼茶而言（饼茶要碾成茶末），今（明代）茶以旗芽枪甲为贵（一芽两叶），汤沸不足，则茶的神采不会显露，茶色也不明亮，要打赢茗战（斗茶），水需五沸。

难怪蔡襄要说候汤难啊，因为末茶与叶茶性质不同，汤水热度也就不同了。

（2）熁盏

宋代点茶，是把茶末放在杯子里，再用热水冲泡，所以要先把茶杯靠近火源去热杯，好像现代人泡茶之前，要先用热水烫壶烫杯一样。

杯子冷，茶末不会浮起来，因为汤水的热度先被茶杯吸收了，等到杯子热了，汤水已温，无法让茶末热透了。还有，茶末太细，也会浮在水面上；茶末太粗，则沉淀在水下。

泡茶真是学问大，一点一滴都马虎不得。

（3）点茶

蔡襄说，要点茶时，先取出茶末一钱，放在茶盏里，然后注入一些汤水，用茶匙调匀，再加汤水，用汤匙再环绕击打沸水，一杯茶只要注水四分即可，不必满杯。这种点茶法，成为今天日本抹茶的泡茶艺术。

茶汤表面色白、茶末不会在茶杯边缘留下水痕的，表示茶好、泡茶技术好。

开水冲泡后，茶杯表面会产生泡沫，泡沫沾染茶杯，会在茶与杯接触之点，产生水痕。水痕先出现的，就算输了。水痕成为宋代斗茶（比茶）的胜负指标之一。

（4）茶色贵白

蔡襄说，茶的颜色以白为贵。然而，饼茶多用珍膏涂在茶饼两面上，因此有青、黄、紫、黑各种颜色。

擅于辨别好茶的人，好比算命先生，善于观察气色，会注意到茶饼里面，茶叶还有一点温润者为上。

其次要看茶饼内部，颜色黄白的，是因为茶叶吸水过度，闷成黄色。茶色青白的，失水均匀，所以建安人（福建）试茶，茶色青白比黄白好。

唐宋时代习惯喝末茶，要先把茶饼表面的膏油刮掉，再将茶饼压碎成细末，储存在罐子里，等到要喝茶的时候，再用茶则取出一小部分来煮泡。

茶叶颜色偏白，是因为茶芽白毫多，滋味好。芽叶愈大，做出绿茶，则茶色偏向青绿；做出乌龙茶，则茶叶偏向青黑；做出红茶，则茶叶偏红。

唐宋之人喜欢喝白毫绿茶，所以会说茶色贵白。现代的白毫乌龙，如果茶芽很多，也会有许多银白色的细芽。白毫银针系列，也是因为茶芽银白的关系。

（5）茶有真香

茶叶做得好，会散发出它自己原有的香气，不需假借外来的香味。

唐宋时代偏向蒸茶，这是为了制作茶饼，需要将茶叶先蒸熟，然后压制成茶饼，再予以烘干或晒干。蒸过的茶，比较没有香味，所以制作饼茶的人，大多会添加龙脑和油膏，来增加香气。

蔡襄曾任福建转运使，负责督制福建贡茶，所以深知福建制茶的奥秘。他说，建安民间试茶，都不添加香气（例如以花熏茶），以存其真香。如果在烹茶点茶时，又添加珍果香草，更吃不出茶的香味。

其实唐代也有炒茶，茶叶炒过后会更香。唐代诗人刘禹锡（772–842年）的《西山兰若试茶歌》提到，山僧种了许多丛茶，春天来了长新芽，邀请贵客来试茶，现摘现炒，“斯须炒成满室香”，然后汲取金沙水来沏茶。自摘茶到煎茶只有一点时间，茶香微有木兰味。

刘禹锡喝的是含有真香的茶，蔡襄说的也是这种茶。但是，为什么如此快速就能炒成茶呢？茶叶不经萎凋，现采现炒，应该是绿茶的制法了。

（6）茶味主甘

蔡襄说茶味以甘滑顺口为胜，但制茶方法不同，甘味也有差别。

他举例说，建安北苑凤凰山茶园（宋代贡茶专区）所焙制出来的茶，味道很好。但是，隔一条溪的几座山，所产茶叶虽经特别用心制作，色味都很重，比不上凤凰山的茶。

他又说，用来煎茶的水泉，味道不甘甜，也会减损茶的味道。这也是前人讨论水与茶味关系所发现的道理。

6. 明清泡茶法

明清以来，饮茶法已经有很大的改变，唐宋时代的茶饼研成茶末的煮茶法，在明洪武二十四年（1391 年），被明太祖下令罢贡龙团茶，贡茶也改为炒青散茶了。茶饼不流行，繁复的点茶法，自然也改为简便的小壶冲泡法了。

供春泡茶更有味

明代民间泡茶，开始注意茶壶、茶碗的美学。

明末江苏读书人周高启（1596–1654 年），在崇祯十三年（1640 年）前后，写了一本《阳羡茗壶系》，这是第一本专论宜兴茶壶与陶壶名师的书。（阳羡即今之宜兴。）

周高启说："茶至明代，不复碾屑和香药制团饼，此已远过古人。"他又说，近百年来，泡茶的茶壶，已经不再使用银壶或锡壶，或福建、河南的瓷壶，而是流行使用宜兴陶壶。因为宜兴沙土塑造的陶壶，能够充分显现茶的色香味。

当时的宜兴壶，重量不过数两，却可以卖到一二十金，泥土可以跟黄金相比，可见当时宜兴壶受重视的情况。

宜兴茶壶最早是由金沙寺的僧人创造出来的，当时学宪吴颐山寄居金沙寺中读书，吴颐山有位青衣书童名叫供春，也学老僧作陶捏茶壶，壶底署名龚春，这是第一代的"龚春壶"。

明神宗万历年间（1573–1619 年），宜兴有陶艺四大名家：董翰、赵梁、玄锡、时朋。时朋即是后来的名家时大彬的父亲。时大彬制作的茶壶，签名“供春”，是当时非常有名的宜兴壶，现在几乎不可得。

用小茶壶泡茶，可以泡 4 人份，也可以泡 1 人份，茶壶小，容易泡出味道，也可以自己品茶。

炒茶得宜有真香

除了茶壶茶碗讲究之外，炒茶、制茶、泡茶的技术也要讲究。

许次纾《茶疏》提到炒茶的方法，茶叶初摘，香气未透，必须借助火力炒出香气。每锅只炒四两，起先用文火炒软，接着大火炒香，快速离锅，放在竹箩上扇凉，即可泡茶或收藏。

煮水器可用金属提梁壶，水初沸，茶叶握在手中，等注水入小茶壶后，再将手中的茶叶放进茶壶里，三呼吸之后，将茶汤倒在大碗里，然后再倒入茶壶，动荡摇晃，让茶香溢出，三呼吸之间，即可倒茶待客。

茶器一定要洗干净，否则会有杂味。茶壶茶碗，以前多用建窑制作的，名窑瓷器，多不可得。许次纾也推荐宜兴的陶壶，龚春壶与时大彬的“供春壶”，都是名家作品。陶壶没有泥土味，适合泡茶，流传至今。

盖碗喝茶也方便

明清以来，也流行一种简便的盖碗喝茶法，对于以茶待客或在茶馆喝茶，都是很方便的泡茶法。

盖碗泡茶，包含茶杯（碗）、杯盖、杯托（茶船）三样。茶碗在唐代已经很流行，后来在唐德宗建中年间（780–783 年），蜀相崔宁的女儿喜欢喝茶，但茶碗会烫，所以拿了碟子放在茶碗下面，因而发明了茶托，大家模仿采用。

杯盖则是在明代加上的，一方面代替了茶壶泡茶，一方面也人各一碗，随意喝茶，甚为方便，各地茶馆普遍采用。

7. 当代茶道

品茶要注意环境优雅，连丝路新疆都有如此优雅的品茶环境，令人赞佩茶文化的魅力。

当代两岸流行工夫茶，这乃是唐宋以来中国茶道的演化成果。

唐代陆羽《茶经》所提到的茶道，是在讲求品味、美学、待客的气氛下进行的。现代两岸茶道，也是如此。

在品味方面，唐代讲究用好水、好火、好茶碗来泡好茶，铁壶煮水要恰到好处，水初沸，加入少许盐，水二沸，取出一瓢备用，并以竹荚在铁壶中搅旋热水，茶末倒入铁壶的热水漩涡中心，激起泡沫，再将瓢中之温水冲入铁壶，停止壶中的汤水转动，孕育茶香好滋味。

现代工夫茶，讲究一些的，也用铁壶或银壶烧水，一般均使用电热烧水，或瓦斯炉烧水，场面讲究美学的，还是使用风炉炭烧开水。

现代茶道使用小茶壶冲茶，水烧开后，先用热水烫壶、烫杯，唐宋则是将茶碗烤热，有助于茶水保持一定的温度，增添茶香。

唐宋时代，茶末倒入铁壶，激出泡沫，再将茶水连泡沫分到各茶碗去，讲究一些的，还将泡沫雕花。陶谷清《异录》记载，有位和尚福全，能将茶汤泡沫串成一句诗，四碗茶联成一首绝句，引得好奇者天天来要求观看茶汤写诗。

现代品茶，除非是品饮抹茶，或者是加上鲜奶，或者是故意摇出泡沫红茶，否则不会出现茶泡沫。现代茶道追求的是茶香高雅、茶味隽永。

各地饮茶方式与器具也有差别，潮汕工夫茶用的是古茶壶与泥火炉。（摄自鹿谷茶文化馆）。

唐宋时代喝茶人，似乎没有特别注意茶寮或茶室环境的布置，他们通常喜欢在野外山明水秀之地煮茶赏景，或者在家中庭园点茶待客。

现代茶道，讲究会场气氛的布置，或用花草绿竹点缀，或用天然美景展现美感，或在茶桌上寻求禅意，或在事茶人与茶器上讲究美学。

依据台湾“人澹如菊”茶书院创办人李曙韵的《茶味的初相》，茶汤之顺序，可分为：温壶、赏茶、温盅（公道杯）、温杯（个人喝的杯）、纳茶、注汤、候汤、出汤、分茶、传杯、去渣、清壶等程序。起火煮水的工夫不计在内。

现代人不随便取用江、河、湖、瀑、泉之水，煮水可用干净水，或可信任的水，水烧开后，茶壶、杯盅先放在茶海或茶盘上，倒一些热水温壶、温盅、温杯，然后用茶则倒出适量的茶叶，让宾客赏茶，再将茶叶倒进茶壶中，用热水冲泡。经过1–2分钟(时间视茶壶大小而定)的闷茶，让茶香透出、茶味释出。此期间，宾客可以欣赏茶壶、茶器或茶桌布置。

闷茶之后，开始注汤到公道杯，茶壶中的茶水全部倒出，避免沁泡过久，茶味过浓。分茶可倒6–7分，不宜满杯，否则烫手。

宾客首先闻香。茶有异香、有清香，依茶的种类而有别。台湾曾经流行双杯倒扣，茶香会留在上面的杯子，宾客取出上杯闻香，会觉得茶香扑鼻，神清气爽。

茶杯下有茶托，固定茶杯，喝茶时也比较不会烫手。由于小壶泡茶滋味浓，茶杯多半使用小杯子，喝起来约 2–3 口，喝完后，杯子放在茶托上，主人此时已冲泡好第二壶茶，倾注在公道杯里，依据客人喝茶的速度，决定再度注茶的快慢。

宾主在品茶过程中，可以充分交谈，也可以专注品茶，随宾主之意而定。有时会场还有古乐飘扬，增添气氛。品茶以尽兴为要，可以喝到心满意足，也可以点到为止。

通常一壶茶，可冲泡 3 巡，滋味浓的好茶，可以冲泡 6–7 巡，但会越冲越淡。主人适时更换不同的茶叶，也是一种品茶之道。

品茶是一种生活美学，端看喝茶人如何运用。平常在家喝茶，讲究适性随意。如果想要享受气氛，也可以正襟危坐，在家中特有的茶室中独自品茶，或是夫妻同饮，或是一家人同乐，随性自在，有何不可？

茶室恬静，适合茶友优雅的品茶。（摄自坪林茶博馆）

七 爱茶人

古今多少奇男子,爱茶成痴传佳话。
当然也有闺中人,品茗作诗留芳名。

爱茶人的故事，不能不说，说不定
您的爱茶事迹，也可以长留青史。

1. 李白诗序仙人掌茶

诗仙李白（701–762 年），一生以诗酒闻名，也因诗酒而颠沛，却留下一首茶诗《赠族侄僧中孚玉泉仙人掌茶（并序）》，让湖北当阳玉泉寺仙人掌茶，从此名闻天下。

唐玄宗天宝八年（749 年，一说是天宝十一年，公元 752 年），李白在金陵（南京）游历，巧遇同宗族侄辈中孚禅师（或说在栖霞寺相遇）。

玉泉寺传说好茶

唐代初期，饮茶风气已经风行各地，陆羽形容盛况是“盛于国朝，两都并荆俞间，以为比屋之饮”。这不就是说长安、洛阳两都、湖北（荆）到四川、重庆（渝）等地，家家户户都饮茶。

酒能使人昏醉，茶能使人清醒。李白虽然喜欢醉后写诗，可没说是醉醒后不以茶解酒。所以中孚禅师把他从荆州玉泉寺带来的仙人掌茶，赠送给族叔辈李白。当时李白已经得罪杨贵妃等朝中权贵，无官无地位，正在江南各地隐居流浪。

李白早就听说荆州玉泉寺的种种事迹了。所以他说，听说荆州玉泉寺接近青溪诸山（传说当阳青溪曾是战国时鬼谷子讲学的地方），山洞往往有石灰岩乳窟。洞窟中多有玉泉流通。据说山洞中有白蝙蝠，大得像乌鸦。根据《仙经》说，蝙蝠又名仙鼠，修行千年之后，身体白如雪（《白蛇传》又一章？），倒挂而栖，

李白一叶扁舟游天下，推荐荆州玉泉寺仙人掌茶。

大概是因为喝了玉泉水（石灰溶洞富含矿物质？），所以白蝙蝠能够长生不老。

山洞水边，到处长着茶树茗草，枝叶茂盛，翠绿如碧玉。听说玉泉真公（玉泉惠真禅师，又称兰若真和尚，637–751 年，114 岁）常常采茶来品饮，年纪八十几岁了，脸色红润如桃花。玉泉寺茶（属于绿茶）清香、圆润成熟，与别的茗茶不同，想必是因此能使人返老还童，起振枯老，延年益寿吧。

李白中孚仙人掌

李白说，今游金陵，遇见同宗（中孚禅师俗姓李）中孚禅师，向我展示数十片茶（饼茶），茶叶卷曲重叠，形状有如手掌（应属一心两叶压扁成形），号为“仙人掌茶”，乃是近年来玉泉寺的新产品，旷古所未见。因属稀奇，中孚禅师拿来赠送给我，还赠诗，希望我也以诗回赠，所以才有这首诗相响应，期望日后高僧大隐有道之士，能知道仙人掌茶是经由中孚禅师和青莲居士李白一起发扬光大的啊。

李白心想，总要从玉泉山提到仙人掌茶，再提到中孚禅师和自己吧。喝过仙人掌茶，知道茶味清香，圆润成熟，确实茶味有别，让人心情愉快，延年益寿。茶形有如仙人手掌，好比仙手拍在仙人洪崖的肩膀，一拍可成仙。喝了仙人掌茶，也让人飘飘欲仙。中孚禅师师禅学界的菁英，送我的诗篇有如西施美人一样绝美，如今我要回赠的诗，总要谦虚地说是好像有德才女无盐那样难为情吧。不过朝来闲坐品茶也是一种雅兴，何妨开口吟诗，声闻九天，让仙女也听到了。所以他就信笔写来：

尝闻玉泉山，山洞多乳窟。仙鼠如白鸦，倒悬深溪月。

茗生此中石，玉泉流不歇。根柯洒芳津，采服润肌骨。

丛老卷绿叶，枝枝相接连。曝成仙人掌，似拍洪崖肩。

举世未见之，其名定谁传。宗英乃禅伯，投赠有佳篇。

清镜烛无盐，顾惭西子妍。朝坐有余兴，长吟播诸天。

玉泉仙人掌茶，经李白诗文推介，声名大噪，历代都有文章提到仙人掌茶。明代李时珍《本草纲目》提到荆州仙人掌茶，清代李调元《井蛙杂记》也记载，仙人掌茶品高，外形扁平似掌，色泽翠绿，白毫披露，冲泡之后，芽叶舒展，有似朵朵莲花在水中，汤色嫩绿明亮清透。

玉泉寺到了宋代，更加兴盛，常住和尚达一千多人。此后兵灾连连，山寺被毁，虽有重建，盛况已经大不如前。玉泉寺仙人掌茶虽然还有，也不是十大名茶了。

2. 杜甫品茗难度日

诗圣杜甫（712–770 年），留下一首品茗诗，意境高雅，让人再三回味，能否参透人生？

杜甫 20 岁时，也曾南游江苏、浙江，北游山东、河南、山西等地，总计将近 10 年。当时他有家人亲戚为官，可以支持他的生活。《状游》这首诗详细描述当年他的南北旅行。他到过江南产茶名区南京、嵊县，却没有提到饮茶之事。

李杜洛阳相见欢

唐玄宗天宝三年（744 年），李白得罪杨贵妃等权贵，离开长安，来到洛阳，正好杜甫也在洛阳，两人一见如故，李白大 10 岁，两人结成兄弟之交，结伴同游 2–3 年，日后虽因战乱各自颠沛流离，还有诗篇酬答。

天宝五年（746 年），李白去江东，杜甫到长安寻求当官的机会，一等就是 10 年。杜甫的父亲在奉天县令任内去世，杜甫只好游走于长安贵族当宾客。

在长安期间，杜甫认识了广文馆博士郑虔，受到大他 19 岁的郑虔的赏识，两人结为忘年之交。天宝十二年（753 年），他们接受何将军的邀请，去何氏的山林宅园做客几天，杜甫因此写了《陪郑广文游何将军山林十首》，描写山林美景，也表达了自己想要归隐田园的心意。

重过何氏五首

杜甫的茶诗《重过何氏之三》说："落日平台上，春风啜茗时"。该诗已是脍炙人口的茶诗。（摄于鹿谷茶文化馆）

第二年（754年），他们又应何将军之邀，再度来做客。杜甫写了《重过何氏五首》，其中第三首，提到喝茶的事。

杜甫回忆说，落日照在平台上，大家捧茶啜茗。斜倚石栏杆，手握一管笔，开玩笑地在桐叶上写诗。身旁有翡翠鸟青翠鸣叫，蜻蜓站立在微细的钓竿丝线上。有缘今日来相逢，今后不知何时再相聚？

杜甫写下的诗句是：

落日平台上，春风啜茗时。

石阑斜点笔，桐叶坐题诗。

翡翠鸣衣桁，蜻蜓立钓丝。

自逢今日兴，来往亦无期。

有意薄田归山林

杜甫又想到，到此地作客，经常来往已半年。时光蹉跎，不觉已到向晚时分，我也到了中年。看着这一片好山林，不觉令人茫然怅惘。哪一条路能够让我沾点俸禄，也好归隐山林买块薄田。这样等待下去，恐怕也无法如愿。手把一杯酒，心意茫茫然，不知如何是好。

所以，杜甫又写了第五首：

到此应常宿，相留可判年。

蹉跎暮容色，怅望好林泉。

何路沾微禄，归山买薄田。

斯游恐不遂，把酒意茫茫。

后来杜甫虽然当了左拾遗、工部员外郎等官，但他也曾被贬到外地去，遇到许多战乱，颠沛流离，写尽人间关怀。

杜甫心在人间，陆羽志在问茶。茶也是人间经济事，杜甫虽然曾经穷到采药去卖，却没有发现种茶、做茶的经济价值。或者是杜甫心在入世，想以儒学济世吧。

3. 陆羽问茶写《茶经》

茶仙陆羽（733–804年），一生与茶为伍，幼年时被湖北竟陵（天门县）龙盖寺（清雍正改为西塔寺）智积禅师收养，替师父及寺院煮茶。12岁时，因为不愿当僧人，逃出龙盖寺，在戏班里演丑角，受到竟陵太守李齐物的赏识，推荐他到火门山在邹夫子门下学习七年，也帮老师煮茶，却从此改变了他的一生。

游历问道总是茶

在竟陵司马崔国辅的支持下，陆羽于唐玄宗天宝十三年（754年），第一次离开竟陵，前往河南义阳、川边巴山、陕川等地，考察各地名茶与泉水，也听闻有关四川、云南等地产茶的情况。

天宝十四年，陆羽回到竟陵，在离县城60里的古驿道晴滩驿松子湖东冈村定居。仅隔一年，安史之乱起，陆羽跟随关中难民渡江南下，走过长江中下游、淮河流域等地，于肃宗干元三年（760年）来到湖州，投宿杼山妙喜寺，认识了住僧皎然（730–799年），两人谈茶吟诗，从此结为莫逆之交，陆羽并开始撰写《茶经》，历经5年，初稿完成。

陆羽从此没有回过竟陵，后来听过智积禅师过世，他很难过，回忆从前跟随智机禅师的点点滴滴，在老禅师的熏陶下，学会茶道，经常从故乡的西江取水，为老禅师泡茶，虽然有志于儒学，却也看淡了荣华富贵，一辈子只愿与茶为伍。于是他写下了《六羡歌》：

不羡黄金罍，

不羡白玉杯，

不羡朝入省，

不羡暮入台，

惟羡西江水，

曾向竟陵城下来。

对陆羽来说，黄金酒瓮、白玉酒杯、进入朝廷当官，都不值得羡慕。只有西江水可以泡好茶，所以曾经为此回到竟陵来。

如果以最后一句“曾向竟陵城下来”推测，陆羽在天宝十三年离开竟陵去各地问茶，第二年即回到竟陵，住了一年，因战乱而离开竟陵，从此再没有回过竟陵。因此，这首诗或许是在天宝十四年（755 年）前后所作的吧。

越州剡溪访茶诗

《六羡歌》流传甚广，曾和另一首《会稽东小山》被选入《全唐诗》。陆羽曾经写了很多诗，最后都遗失了，只剩下这两首流传人间。

陆羽曾于唐代宗大历四年（769 年）前往绍兴采摘“越江茶”，并协助监制茶叶。也就是在这次绍兴之行，他顺便前往嵊县访茶。

嵊县古称剡溪，与绍兴同属越州。陆羽《茶经》称浙东茶叶以越州为上。

那是一个天气寒冷的晚上，陆羽来到剡溪，一路上猿猴叫破绿林的宁静。不论是帝王将相或平民，古人已随江水东去，年年只看江边水草来来去去，枯干了再长齐。

这首《会稽东小山》没有明白提到与茶有关的事，是否那些古人之中也有茶人呢？剡溪茶生长在 300–400 米的山坡丘陵，从汉代以来就已经种茶了，唐代以越州茶为主，到清朝，全国十大名茶之一的前岗辉白茶，即是产于嵊县（剡溪）前岗地带，可见剡溪名茶一直都存在于人间。陆羽没有说错，这首诗就更值得回味了：

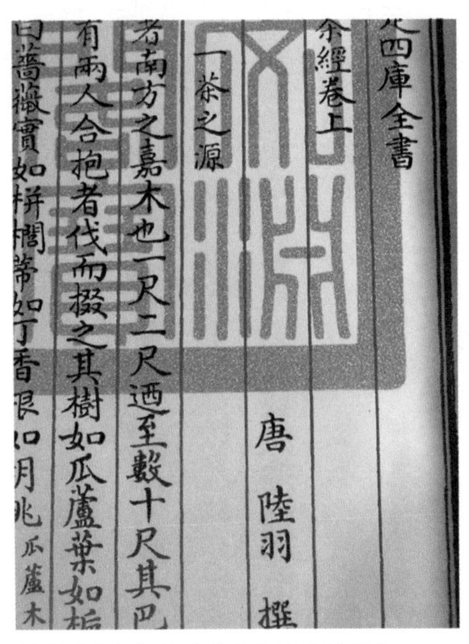

四庫全書
茶經卷上
唐 陸羽 撰
一茶之源
者南方之嘉木也一尺二尺迺至數十尺其巴
有兩人合抱者伐而掇之其樹如瓜蘆葉如梔
白薔薇實如栟櫚蒂如丁香根如胡桃 瓜蘆木

陆羽《茶经》是中华文化的重要著作。

月色寒潮入剡溪，

青猿叫断绿林西，

昔人已逐东流去，

空见年年江草齐。

陆羽爱茶，懂得煮茶、品茶，还会种茶、到处采茶、做茶，最了不起的是，写出中国第一本《茶经》，有系统、有研究地写出中国各地好茶，以及茶的种植，煮茶、饮茶、相关茶器的使用等。

新居孟郊来题诗

陆羽曾在德宗建中四年（783 年）迁居江西上饶，在城北 2 里处筑园种茶，第二年庭园落成，诗人孟郊在上饶与陆羽相见，还写了一首诗《题陆鸿渐上饶新开山舍》，送给陆羽。

孟郊就是写“慈母手中线，临行密密缝”——《游子吟》的那位诗人。他看到陆羽的竹园，不觉大吃一惊，怎么把武陵桃花源搬到这里来了？微云飘过山亭，原来建亭是为了留住云彩。石壁凿开，竟然引出泉水来。园中种了竹子，是为了引来清风吹动呢，还是要砍竹吹箫呢？庭园好花盛开，吟诗赏花写诗篇。一见此景，才知道老兄性情高雅纯洁，自是与此地有缘吧。孟郊因此写道：

惊彼武陵状，移归此岩边。

开亭拟贮云，凿石先得泉。

啸竹引清吹，吟花成新篇。

乃知高洁情，摆落区中缘。

陆羽在此居住两年，到唐德宗建中五年（785 年），就应洪州御史萧瑜之邀请，前往洪州（江西南昌）作客 3 年，然后又被岭南节度使李复邀请去广州作客 1 年，再回到洪州住 2 年。德宗贞元八年（792 年），陆羽回到久别的湖州青塘别业，不到 2 年，他又移居苏州，在虎丘山之北筑庐而居，并凿井引水种茶。

陆羽在苏州住了 5 年，已经 67 岁，开始思念湖州，乃于德宗贞元十五年（799 年）回到湖州青塘别业，种茶、喝茶、论茶，历经 5 年，72 岁升天。

4. 诗僧皎然喝茶悟道

诗僧皎然（730–799 年，另有一说是 720–805 年），爱喝茶，也喜欢陪着陆羽到处去找茶，还帮助陆羽出版了《茶经》，同时也曾经是诗人刘禹锡的诗学启蒙老师，最后却回归山林，过着平静的日子。

皎然，俗姓谢，据说是谢灵运的十世孙，生于湖州长城（浙江长兴），早年在杭州灵隐寺出家，擅长写诗，年轻时常以诗文教化世俗。

陆羽在唐肃宗干元元年（758 年）到金坛坦溪会见皇甫冉、戴叔伦，采茶栖霞山，游杭州灵隐寺，列席比丘大会，然后与皎然同游湖州长城，结“忘年之交”。

所谓忘年，是指两人年龄相差很大。陆羽出生（或说是被收养）于唐玄宗开元二十一年（733 年），如果皎然出生于唐玄宗开元十八年（730 年），年龄只比陆羽大 3 岁。如果皎然出生于玄宗开元八年（720 年），比陆羽大 13 岁，或可称为忘年之交。（学者钟玲 2015 年在千佛山菩提寺演讲说，皎然比陆羽大 13 岁，另有一说大 26 岁，显然钟玲认为皎然的生存年代是 720–805 年。）

重阳饮茶写诗篇

过 2 年，陆羽应皎然之邀，于肃宗上元元年（760 年）到湖州，与皎然同住杼山妙喜寺（宋朝改称宝积禅寺，现已荒废），九月重阳，皎然、陆羽一起登高踏青，习俗是登高健行、畅饮美酒，皎然认为应该以茶代酒。所以，他就写了一首诗《九日与陆处士羽饮茶》：

九日山僧院，东篱菊也黄。

俗人多泛酒，谁解助茶香。

“泛酒”，是指东晋文人三月三日（三日节）雅集，曲水流觞，把酒杯放在流水之上，任它浮沉前行，有兴趣的文人雅士，可以从水中取杯畅饮作诗。王羲之《兰亭序》即是描写此一雅事。到了唐代，泛酒就成了重阳登高畅饮好酒，不过也有文人雅士登高饮茶，作诗唱和，更有意境。

皎然在诗中说，九月重阳的山僧寺院，东边篱笆下种的菊花也开了（和陶渊明采菊东篱下都有相同的高雅境界），世俗之人多喜欢借此机会喝酒，谁能体会到，喝酒之后，更加想起茶的香味呢（何不早早以茶代酒呢）？

饮茶怯疾荡忧栗

皎然有一首《饮茶歌送郑容》，述说饮茶的好处，为郑容送行。可是诗中却提到“楚人茶经虚得名”，是认为陆羽写的《茶经》初稿内容不够充实吗？

皎然说，神仙不喜欢山珍海味等美食，只喜欢饮茶，喝了茶之后就会飘飘欲仙。其实喝茶能疗治疾病，还能使人清醒不忧愁。皎然的《饮茶歌》原文是：

丹丘羽人轻玉食，采茶饮之生羽翼。

名藏仙府世空知，骨化云宫人不识。

云山童子调金铛，楚人茶经虚得名。

霜天半夜芳草折，烂漫缃花啜又生。

常说此茶祛我疾，使人胸中荡忧栗。

日上香炉情未毕，醉踏虎溪云，高歌送君出。

原来采茶要在半夜结霜之时，点茶在杯，还要把泡沫点画成花（缃花），有如今天的咖啡加上奶水后拉花。缃花啜了一口，又生成另一种花色，真是变幻莫测，有如人生。

陆羽《茶经》初稿虽然在唐代宗永泰元年（765 年）完成，却在皎然等人的指导协助下，继续修订补充，同时也与皎然到各处去实地种茶、采茶、论茶，增添实际经验，历经 20 年，才于唐德宗建中元年（780 年）由皎然协助出版。皎然也撰写《茶诀》，可惜没有流传下来。

顾渚采茶皎然诗

从唐玄宗天宝十四年（755 年），皎然与陆羽在洪州初识，过三两年邀请陆羽来杼山妙喜寺常住，随后两人曾同游苏州，肃宗宝应元年（762 年）同往顾渚山寺，在顾渚山中问茶、论茶。皎然有诗《顾渚行寄裴方舟》记载此事。

原来皎然也有茶园和云泉在顾渚山，对山中的茶事也颇了解。当杜鹃啼叫“不如归去、不如归去”时，芳草都已停息，山里人家开始采收茶子。当伯劳麻雀飞来时，又是三月春到，茶树开始长嫩芽，山僧也忙着采茶了。

采茶一向不分远近，阴冷的山坡长茶园，向阳的山崖茶树较少。大寒山之下茶芽尚未长出来，小寒山中茶芽已经卷起来了。

吴地姑娘携带茶笼上山去采茶，天色蒙蒙，茶枝乱勾春衣。山景迷蒙，落花乱飞，涉溪渡水，惊动鸟飞啼。

家园离此不远，趁着露水快采茶，采完归家时，茶芽还有露水滴。初看新茶未必胜得过古人所说天地精华的玉英，取来煎泡之后，发现滋味远胜琼浆金液。

昨夜西山刚下过雨，早上来寻找新茶，情况如何呢？水露一多，青芽长得老涩了，高地人少，紫笋茶芽就多。可是能够辨识青芽与紫笋芽的有几人呢？天色向晚再采茶就让人叹息了。等待识茶人，就好像神仙传里的清冷真人裴君，等候他的老友道人支子元一样，无奈只好将茶香储藏起来，思念爱茶好友，真是无止境啊。

顾渚行寄裴方舟

这就是皎然描述顾渚山茶园有关的诗：

我有云泉邻渚山，山中茶事颇相关。

鶗鴂鸣时芳草死，山家渐欲收茶子。

伯劳飞日芳草滋，山僧又是采茶时。

由来惯采无近远，阴岭长兮阳崖浅。

大寒山下叶未生，小寒山中叶初卷。

吴婉携笼上翠微，蒙蒙香刺罥春衣。

迷山乍被落花乱，度水时惊啼鸟飞。

家园不远乘露摘，归时露彩犹滴沥。

初看怕出欺玉英，更取煎来胜金液。

昨夜西峰雨色过，朝寻新茗复如何。

女宫露涩青芽老，尧市人稀紫笋多。

紫笋青芽谁得识，日暮采之长太息。

清冷真人待子元，贮此芳香思何极。

三饮得道破烦恼

皎然还有一首饮茶歌，写来讽劝崔石使君，只要饮过三杯茶，即可得悟道，不须再苦心寻求方法去破除烦恼。

唐德宗贞元元年（785 年），皎然和崔刺史在越州（绍兴）品茶，一时兴起，皎然写了一首饮茶歌，题为《饮茶歌诮崔石使君》。

当时，越州有人送给皎然一些剡州好茶（嵊县茶），都是贵如黄金的芽茶，皎然立即在金鼎炉煮水，冲入雪白的瓷瓶中，茶沫飘香，看起来好像神仙的琼浆。

啜饮仙浆，一饮立刻消除昏昏沉沉的睡意，头脑清醒，精神爽朗，精气充满天地。再饮使我神思清新，有如飞雨飘飘然，任我遨游。三饮就想通开悟了，人生原来如此，所有烦恼都是自己找的，茶有甘苦，月有圆缺，人有悲欢离合，只要看淡看开，问心无愧就好，何必再苦苦寻求破解烦恼的方法呢。

茶汤韵味清高，世人不知道，只知饮酒寻醉，自欺欺人。且看满桌酒瓮，醉倒景象，令人难过，不如笑看陶渊明东篱采菊时，心胸坦然。

崔侯听我一席话，啜饮茶汤，意犹未尽，忽然高歌一曲，众人皆惊讶。原来茶能悟道，保存了纯真之气，也只有丹丘子等神仙能够如此开悟啊。

饮茶歌诮崔石使君

这首被称为“三饮得道”的饮茶歌，原文如下：

越人遗我剡溪茗，采得金芽爨金鼎。

素瓷雪色缥沫香，何似诸仙琼蕊浆。

一饮涤昏寐，清思朗爽满天地。

再饮清我神，忽如飞雨洒轻尘。

三饮便得道，何须苦心破烦恼。

此物清高世莫知，世人饮酒多自欺。

愁看毕卓瓮间夜，笑向陶潜篱下时。

崔侯啜之意不已，狂歌一曲惊人耳。

孰知茶道全尔真，唯有丹丘得如此。

皎然对作诗颇有研究，曾写出一本论诗的《诗式》，在德宗贞元五年（789年）还与湖州刺史李洪互相讨论，皎然有意放弃诗文酬唱，回归妙喜寺独自修行，李洪劝解不必放弃，此后即无皎然的消息。

饮罢悟道归山林

陆羽则是应邀忙着到洪州、岭南等地当幕僚，一直到贞元八年（792年）才回到湖州青塘别业定居，两人也没有聚会酬唱。这一年朝廷却将皎然的《杼山集》写入秘阁保存，是否表示皎然在这一年已经仙逝了？

《灵隐寺志》说，皎然于永贞初年卒（唐顺宗永贞元年，805年），葬于妙喜寺。福琳《杼山皎然传》则说，皎然于贞元年终山寺。陆羽则于唐德宗贞元二十年（804年）在湖州去世，葬于妙喜寺。皎然与陆羽结忘年交，两人相知相惜，饮茶论道，也是一段佳话吧。

5. 白居易诗酒造茶园

唐代中期大诗人白居易，一生写下 2800 多首诗，其中写酒的有 900 多首，写到茶的有 50 多首，茶酒不离手，写下好诗一首又一首。

白居易出生在河南新郑，后来迁居洛阳，16 岁开始认真读书，唐德宗贞元十六年（800 年）29 岁时中进士，31 岁时参加吏部举办的“书判拔萃科”考试，和另一位诗人元稹同时考中，次年同时被派任为“秘书省校书郎”，从此开始宦海浮沉，好友相聚喝酒也喝茶，一天到晚喝茶、写诗，竟然成为茶专家，人称“别茶人”。

山泉喝茶也有诗

白居易写过一首《山泉煎茶有怀》：

坐酌泠泠水，看煎瑟瑟尘。

无由持一盌，寄与爱茶人。

他用泉水煎茶，茶汤里漂着像细尘的茶末。喝茶的时候，想起了好友，找不出什么好方法，可以寄一碗茶给好友品尝。

茶的功用确实很大，可以自己喝来提神醒脑，吟诗写文章，也可以送给朋友分享。郁闷的时候喝一碗茶解闷。喝醉酒了，找一碗茶来解酒。吃得太油腻了，喝一碗茶解油腻。心情躁动，煮一碗茶安神定心，修心养性。一天到晚喝茶，睡觉前喝一碗，可以安然入睡；醒来喝一碗，神清气爽，飘飘欲仙。

茶能解酒启文思

白居易喜欢喝酒，喝醉了就睡，有时候连续好几个晚上醉酒，醒来又睡，睡了又醒，已经是日上三竿了，再睡下去也不是办法，就起来走走吧。庭院里到处走走，偶然发现还有清幽的地方。那就在绿荫树下摆张绳床吧，旁边放了一些茶器，不经思考就烧起火炉，用白瓷瓶盛水，把水煮开来点茶。瓷瓶中加入茶末，茶香扬起，泡沫似花，浮在滚滚鱼眼上。把茶倒在茶碗中，茶汤颜色甚佳，喝起来口齿留香。老友杨同州慕巢啊，你不在这里，像这么好的滋味，谁会了解呢?

白居易喝茶的时候想起老友杨慕巢，不免写了一首《睡后茶兴忆杨同州》：

昨晚饮太多，嵬峨连宵醉。今朝餐又饱，烂漫移时睡。

睡足摩娑眼，眼前无一事。信脚绕池行，偶然得幽致。

婆娑绿阴树，斑驳青苔地。此处置绳床，傍边洗茶器。

白瓷瓯甚洁，红炉炭方炽。沫下曲尘香，花浮鱼眼沸。

盛来有佳色，咽罢余芳气。不见杨慕巢，谁人知此味。

白居易诗文平易，在唐宪宗元和二年（807 年）受到宪宗的赏识，从陕西周至县尉，调回朝廷担任集贤校理、翰林学士，次年转任谏言之官左拾遗，又两年（810 年）改任京兆府户曹参军，后来因为母亲去世，在下邽老家守丧 3 年。

江州司马青衫湿

元和十年（815 年）起用为太子左赞善大夫，却被朝中内官中伤说是丁忧期间赏花，因此被贬为江州刺史，还没启程，又贬为江州司马（江西九江，司马是刺史的属官，没有职权）。

白居易在江州的第二年（816 年）秋天，到浔阳江头送客，听到附近客船上有琵琶声，很有京都长安的韵味，遂循声找到弹琵琶的妇人，邀请到船上来坐。相问之下，原来这位妇人确实曾经是长安有名的乐坊女子，年纪大了以后，嫁给商人。商人要做生意，前月离家独自到江西浮梁（现属景德镇）去买茶。

江州司马听了这些悲欢离合的事，不觉起了同情心。他回想官场险恶，如今流落在江州，大家“同是天涯沦落人，相逢何必曾相识”，不觉就泪流满面，衣襟都湿透了。

白居易送客、挥别琵琶女之后，回到家，感触万分，立即提笔写出 616 字的长诗《琵琶行》，传诵至今。

浮梁买茶出婺源

诗中提到“商人重利轻别离，前月浮梁买茶去”，说的应该是江西婺源的茗眉茶。婺源自古产茶，地属歙州，陆羽《茶经》说，歙州茶产于婺源山谷，茶品下。浮梁现属景德镇，与婺源相邻，商人到热闹的景德镇郊外浮梁去买茶，应该可以买到婺源的好茶吧。

婺源茶今天已成为江西的珍贵眉茶，不知白居易当年有没有喝过婺源的好茶，江西还有九江的庐山云雾茶、遂州井岗山的狗牯脑茶。

白居易浔阳江头送客的那一年，还去了九江附近的庐山旅游，走过陶渊明的老家，凡心大动，百感交集，顿萌退意，遂在庐山香炉峰下搭盖一座草堂，取名为“庐山草堂”，四周种茶，像方道人一样，自己做茶自己喝，快乐极了。

庐山草堂也种茶

他写了一篇《庐山草堂记》，说明草堂面对香炉峰，与遗爱寺相邻，园内种茶，引山泉水入园，可以煮茶品茗，招待朋友，逍遥一整天。

他还写了一首诗《重题居东壁》，说明草堂园内有药圃和茶园，野生麋鹿和野鹤，都是好朋友。

长松树下小溪头，班鹿胎中白布裘。

药圃茶园为产业，野麋林鹤是交游。

云生润户衣裳润，岚隐山厨火烛幽。

最爱一泉新引得，清冷区取绕阶流。

白居易喝过许多茶，老来回忆，最喜欢的还是四川蒙山的蒙顶甘露茶。

他自认为个性耿直，不能适应官场的文化，因此被排挤陷害，几度贬官外放。在江州三年，寄情山水，居住在庐山草堂，快乐过日子。

四川来去喝好茶

宪宗元和十三年（818 年），白居易的好友崔群当宰相，起用白居易为忠州刺史（四川忠县），翌年自江州启程赴任。白居易走到夷陵（湖北宜昌），与元稹在峡口相逢，然后抵达忠州。

一年后，元和十五年（820 年）宪宗去世，太子穆宗即位，将白居易自四川召回，担任尚书司门员外郎，再升主客郎中，参与朝中文书制订。穆宗长庆元年（821 年）加封朝散大夫，担任中书舍人。

然而，朋党之祸起，白居易和牛僧儒不合，自请外调。长庆二年（822 年）外放担任杭州刺史。仅仅一年多（824 年），穆宗去世，敬宗即位，浙江钱塘潮水泛滥，白居易努力治水，写下一篇《钱塘湖石记》，说明治水的经过。

错失茶山境亭会

敬宗宝历元年（825 年），白居易转任苏州刺史，开山辟路，种植桃李荷莲数千株。没想到来年坠马伤腰，不能参加苏州、湖州与常州联合在茶山境会亭举办的制茶茶宴，所以就写了一首诗：

夜闻贾常州、崔湖州茶山境会亭欢宴

遥闻境会茶山夜，珠翠歌钟俱绕身。

盘下中分两州界，灯前各作一家春。

青娥递舞应争妙，紫笋齐尝各斗新。

自叹花前北窗下，蒲黄酒对病眠人。

（附注：时马坠损腰，正劝蒲黄酒。）

真是可惜啊，骑马不慎，掉了下来，不但伤腰，也伤心，因为没喝到湖州的顾渚紫笋贡茶。身体受伤，可能眼睛也受伤，当时是以眼疾请假百日，此后眼疾经常发作，让白居易有些退隐回归洛阳老家之意。

喝茶谈禅回洛阳

这一年真是多事之秋，到了年底（826年），敬宗去世，文宗即位，同意白居易回到洛阳。文宗太和元年（827年），白居易离开居住两年的苏州，回到洛阳，再前往长安报到，年底奉命出使洛阳，眼疾复发，又告假百日。

太和三年（829年），担任太子宾客，分司洛阳。此后18年，虽然官位有升迁，

白居易退休后，回到洛阳老家，品茶赏牡丹。

但都让他住在洛阳。所以他就在洛阳定居了，诗文唱和往来，谈禅礼佛，自称“香山居士”，留下许多诗作。

文宗太和九年（835年），白居易还被选任为太子少傅，封为“冯翊县开国侯”。白居易这才在洛阳兴建“绿野堂”，想必又是园内种茶，引泉煮茶，过着快乐逍遥的日子。

喜获老友寄蜀茶

从白居易诗文中，可以看到他经常收到朋友从四川寄来的蜀茶。四川有蒙顶甘露茶，有峨眉的峨蕊茶，有重庆景星的碧绿茶，还有川南川东的红茶“川红”。

他有一首诗，是《谢李六郎中寄蜀茶诗》：

故情周匝向交亲，新茗分张及病身。

红纸一封书后信，绿芽十片火前春。

汤添勺水煎鱼眼，末下刀圭搅曲尘。

不寄他人先寄我，应缘我是别茶人。

白居易在江州度过三个清明节（815–818 年），有一年，他收到忠州刺史李宣从四川寄来的 10 片绿茶茶饼，非常高兴，立刻烧水点茶，水初沸，生鱼眼，茶末下，用工具搅茶，茶沫成形，倒在碗里，品尝起来，确实是清明节前的蒙山明前茶。老友李六郎中把好茶先寄给我，大概是认为我是懂得辨别好茶的别茶人吧。

老来琴茶长相伴

白居易不仅会品茶写诗，还懂得音乐，他在浔阳江头送客，听到琵琶声，就能分辨出声音中有长安京城的味道。他最爱古曲渌水，李白也曾写了一首诗《渌水曲》，可见这首古曲相当有名，应是乐坊酒馆经常演奏的曲子。

唐武宗会昌元年（841 年），太子已经成为武宗皇帝，停止任用白居易为太子少傅，因此，白居易生活窘困，一度想要卖掉庭园。这时白居易已经 72 岁了，回想这一生宦海几度浮沉，不胜感慨，就写了一首诗《琴茶》：

兀兀寄形群动内，陶陶任性一生间。

自抛官后春多梦，不读书来老更闲。

琴里知闻唯渌水，茶中故旧是蒙山。

穷通行止长相伴，谁道吾今无往还？

老来不读书，因为眼睛有毛病，但是可以喝茶，弹奏古乐曲。不论是困穷或亨通，顺行或居止，琴茶都是相伴不离弃。渌水古曲是最爱，蒙山茶则是茶中老友，谁说今后不会再有来往？

白居易在辞官一年后，又担任刑部尚书，大概是皇上照顾老臣的心意，有官衔，可领半薪。他还与僧人悲智一起出资雇人凿通龙门八节滩等地方，以利船只通行。

过三两年，唐武宗去世了（846年），白居易也在8月间病逝，享年76，葬在龙门香山琵琶峰，留下诗文成典范。

6. 苏东坡诗中有茶

宋代诗词文章惊世的苏东坡，一生虽然不得意，却能在困境中寻得喝茶种茶的乐趣，写出许多和茶有关的好诗词，留给后世一个“逆中求顺”的好榜样。

苏东坡本名苏轼，字子瞻，22岁时，和弟弟苏辙（字子由），同一年考中进士，主考官是欧阳修，他对苏轼的策论非常欣赏。此时是宋仁宗嘉佑二年（1057年）。

但是，苏轼的母亲程氏，却在1058年病逝于四川眉山家乡。苏轼的父亲苏洵自己忙着念书，程氏亲自指导苏轼和苏辙读书，对两兄弟的影响很大。两兄弟尊礼守丧两年。

嘉佑六年（1061年），苏轼担任凤翔府判官。凤翔府在陕西，包含岐山、扶风等9县。苏轼当了五年的判官，父亲苏洵于英宗治平三年（1066年）去世，苏轼兄弟依礼守丧三年。

杭州西湖比西施

宋神宗熙宁二年（1069年），王安石变法，刚回到朝廷的苏轼，觉得无法适应变法的政策，自请外调。二年后（1071年），苏轼奉命调任杭州通判。

初到杭州，苏轼很喜欢西湖，写下流传甚广的一首诗——《饮湖上初晴后雨》：

白居易和苏东坡都曾经畅游西湖，饮茶作诗。

水光潋艳晴方好，

山色空蒙雨亦奇，

欲把西湖比西子，

淡妆浓抹总相宜。

西湖天晴时候，湖水满满，水光山色，忽然烟雨蒙蒙，下起雨来，也很奇特。想要把西湖之美比作西施，浓妆淡抹都很漂亮合适。

西湖之美，确实像古代美人西施，正面看，有其端庄之美，烟雨蒙蒙时看，又有她的隐约朦胧之美，总是令人百看不厌。

一天喝尽七碗茶

苏轼在杭州三年，后来又在哲宗元佑四年（1090 年）回到杭州担任知州三年，疏浚西湖，建造堤岸，人称苏公堤。苏轼在杭州前后六年，广交文友，以茶会友，曾经因病告假一天，却走遍西湖各寺院，喝了七碗茶，写下《游诸佛舍一日饮酽茶七盏戏书勤师壁》。

原来苏轼没病，只是累了，出来走走，喝了七碗茶，心情也就好多了。

试院煎茶有心意

熙宁五年壬子 8 月（1072 年），苏轼在钱塘试院（杭州古称钱塘）煎茶，写下茶诗《试院煎茶》：

蟹眼已过鱼眼生，飕飕欲作松风鸣，

蒙茸出磨细珠落，眩转遶瓯飞雪轻。

银瓶泻汤夸第二，未识古人煎水意。

君不见昔时

李生好客手自煎，贵从活火发新泉，

又不见今时

潞公煎茶学西蜀，定州花瓷琢红玉。

我今贫病长苦饥，分无玉盌捧峨眉。

且学公家作茗饮，砖炉石铫行相随。

不用撑肠拄腹文字五千卷，

但愿一瓯长及，睡足日高时。

苏轼喜欢喝茶，用砖炉石铫（烧水壶）来煮水，初沸像螃蟹眼，二沸像鱼眼，这时就要把茶末倒进烧水瓶，旋转水瓶让茶水产生像飞雪一样的泡沫，再倾注到茶碗里。昔时李生好客，总是亲自煎茶待客，好水还要好火来煎煮。如今超然潇洒的潞公，学习西蜀的方法，用定州窑产制的瓷瓶来点茶。

苏轼当时不得意，贫困且长病，没有玉碗来品啜峨眉好茶。不妨学大家用砖炉石头壶来烧水吧。只要有茶喝，不必像卢仝那样，喝到第三碗，搜尽枯肠挤出文字五千卷，只愿一碗茶常在手，睡到日上三竿自然醒。

杭州通判三年任满，苏轼调任山东密州（高密）的知州，这时已是神宗熙宁七年（1074 年），苏轼 39 岁了。

借问明月几时有

熙宁九年（1076 年），苏轼调任徐州，适逢大雨成灾，苏轼与民众一起治水。那年中秋（丙辰），醉酒之后，苏轼写下有名的《水调歌头》：

明月几时有，把酒问青天，不知天上宫阙，今夕是何年？我欲乘风归去，又恐琼楼玉宇，高处不胜寒。起舞弄清影，何似在人间。　转朱阁，低绮户，照无眠。不应有恨，何事长向别时圆。人有悲欢离合，月有阴晴圆缺，此事古难全。但愿人长久，千里共婵娟。

中秋喝酒，却喝到大醉，想必是心情郁卒，想起弟弟子由，又想起八年来不断调动，从杭州、密州，到徐州，神宗皇帝支持新政，导致反对新政的旧党老臣纷纷被贬外调。朝廷高处琼楼玉宇，虽然想回去，却害怕高处不胜寒。

最后只好安慰自己，月有阴晴圆缺，人有悲欢离合，此事自古以来就是如此。只要留得青山在，但愿人长久，时时可以一起赏月，也就满足了。

喝酒使人醉，饮茶使人醒。苏轼生长在茶乡四川，眉州附近有蒙山的蒙顶甘露茶，应该是从小就喝过的吧。外调杭州以来，也喝过杭州的白云茶，熙宁十一年（1078 年）徙知湖州，当然喝过顾渚的紫笋茶。

借用茶诗比人品

神宗熙宁六年（1073 年），苏轼写了一首诗《和钱安道寄惠建茶》，响应送他建茶（福建所产的茶）的人。

苏轼说，南来当官至今有多久呢（已经是第三年了），已经遍尝产于溪边和山里的各种茶。胸中似乎还记得这些老友的面，嘴里虽说不出来，但内心自己晓得。我可能没有时间详细说分明，但若让我尝试品评大略，应该不会差到哪里去。

福建建溪沿岸（建安一带）所产的茶，虽然不同，但都有老天给予的君子性情（茶汤温和）。茶色森绿可爱，不可轻忽怠慢。枝骨清鲜，茶叶浓郁，调和味正。雪花雨脚有何稀奇，要品尝过才知味道是否隽永。即使建茶茶味苦硬，也有可取之处。

茶味好比人品，有些茶味憨厚，好比汉武帝时的大臣汲黯憨直；有些茶味很猛，好比汉宣帝时的大臣盖宽饶，执法刚猛。

有些草茶没什么特色，却空有其名。名气高的，味道不正偏邪，差一点的，气味迟钝不得志，茶叶轻薄，勉强浮沉在杯中，性味过度，让人呕酸体冷。

草茶之中也有绝品，好比东汉名臣张禹，笃实贤能，不令人讨厌。葵花茶虽然好（徽宗宣和三年福建北苑做成贡茶蜀葵，之前已有葵花茶），却不容易得到，路途遥远，隔着云岭。

正在此时，谁知送茶使者自西来，光明磊落地收下了，打开封缄一看，有一百片茶饼，闻一闻茶香，口中咀嚼茶味，没什么差别，透过包装纸去看，觉得茶饼很明亮，可比龙团凤团茶，也把日注茶（绍兴日注雪茶）、双井茶（江西修水的双井茶）都比下去了。

所以苏轼就把获赠的建茶收藏起来，准备款待好朋友，不想去巴结权贵。

苏轼自认为这首诗言志有风味，请钱安道不要流传，以免引起别人生气到长烂疮。

写诗惹祸贬黄州

苏轼在诗中提到许多种茶，也以历史人物的成败来比拟茶汤的好坏。也就因为苏轼的耿直不阿的性格，使他经常得罪人。徐州任职两年，迁徙到湖州（神宗元丰二年，1079 年）。

苏轼于元丰二年 3 月奉旨迁湖州，4 月到职，上表谢恩，文中提到“知其愚不适时，难以追陪新进，察其老不生事，或能牧养小民”，被御史李定等人参奏为毁谤，将苏轼逮捕下狱，并搜罗苏轼所写诗文，歪曲解释，想要将苏轼置之死地。

幸赖宰相吴克申鼎力相救，神宗爱才心中不忍，正好太后因病下旨大赦天下，苏轼才免于一死，但仍被贬降到黄州（湖北黄冈），担任团练副使。

黄州垦荒兼种茶

黄州团练副使，官位很低，苏轼在黄州四年多，生活困顿，幸赖朋友照顾，游山玩水，喝茶写诗，生活也很快乐。他的朋友马正卿帮他申请到一块地，可以自己耕种，种菜种茶，盖了一间草堂，可以过日子。此地地名东坡，所以他就自号“东坡先生”。

在黄州四年多，苏东坡创作甚多，著名的《前赤壁赋》《后赤壁赋》等文章，和 120 句的长诗《寄周安孺茶》，都是这时期的作品。

苏轼在《寄周安孺茶》这篇长诗中说：

广大的天下宇宙间，植物种类知多少，像这样有灵性的茶树，实在是非常奇特，超越其他的一般草木。

茶的名称，从周公旦的《尔雅》“槚，苦茶也”开始记载，渐渐从后人伪托黄帝医药大臣桐君所著《桐君录》中提到茶的功效。最早写出茶赋——《荈赋》的是西晋的杜育，完整描述了满山茶园的采茶、煮茶与效用。

苏东坡游赤壁，写过许多茶诗。

唐人起初还不知道茶的好处，最早写成《茶经》的是陆羽。常伯熊与李季卿也算是清流吧，羡慕高尚，偏好陆羽等人饮茶之雅事，遂使天下文人雅士、百姓人家，竞相风靡饮茶。不但在中土以茶为珍品，连邻近异邦都来买茶《新唐书》卷 121《陆羽传》就提到："其后尚茶成风，时回纥（新疆游牧民族）入朝，始驱马市茶"。

湖北襄阳的鹿门山，自古有东汉末年庞德公隐居，唐朝有孟浩然、皮日休等名士隐居，品茶修行，博览群书。后来还有陆龟蒙，自号天随子，在浙江长兴顾渚山开辟茶园，种茶读书过日子。兴起时挥毫书写，文字灿然留在书牍中。

其实本来也不是那么嗜好茶，只是少年时期，父祖庇荫，有房屋可住。经常看见纨绔子弟，吃多了大鱼大肉，获得小龙团饼茶，珍贵有如珠玉。凤团与葵花名茶，煮水初沸可点茶，好茶怎能鱼目混珠。

苏轼也提到可以煮茶的康王谷好水，用来泡茶，当然好喝。识茶以来，到处与名士、高僧（佛印）论茶谈禅，一杯在手，两袖清风，快乐无比。现在老了，也懒了，有茶喝就好了，即使是学西蜀姜盐煮茶，一碗粗饭，也就满足了。

宦海浮沉知杭州

神宗元丰七年（1084 年），苏轼已经 49 岁了，神宗亲自下旨"人才实难，不忍终弃"，将苏轼改派河南汝州（洛阳附近）。苏轼一面赴任，一面上表，以在常州（宋时常州包含阳羡、无锡等地，阳羡即今宜兴，有宜兴壶、阳羡茶）有田可温饱为由，请求朝廷同意他留在常州。

朝廷到元丰八年（1085 年）才同意他改派常州，于是他又匆匆从汝州来到常州。仅仅一年，神宗去世，哲宗即位，由宣仁太后听政。太后不赞成新政，把旧党老臣一一召回朝廷，苏轼也在哲宗元佑元年（1086 年）回到朝廷担任礼部郎中。

任官三年，苏轼个性耿直，与一些旧党官员合不来，自请外调杭州。元佑四年（1090 年），苏轼前往杭州担任知州（太守）。

杭州也是他的最爱，有各种好茶，还有好山好水好朋友，他一直想要终老的地方阳羡，也在附近。所以，他在杭州三年任内，非常快乐，也替地方做了不少建设，包括疏浚西湖、修建苏堤等。

苏轼实在不习惯朝廷的政治习性，虽然他的弟弟苏辙在元佑六年（1092 年）担任右丞，推荐苏轼担任翰林承旨，官拜龙图阁学士。不到几个月，苏轼就请求外调了。三年之间，他去过颍州（安徽阜阳）、扬州（江苏），官至礼部尚书。

先贬惠州后海南

哲宗绍圣元年（1094 年），太后去世，哲宗亲政，改用新党章　为相，恢复新政。苏轼被贬到惠州（广东），有妾朝云相伴（元配王氏已于 1066 年去世），心中淡然无芥蒂，官场浮沉乃平常事。

惠州三年，苏轼又被贬到更远的儋州（海南岛西北部）。这时朝云已去世，只有幼子苏过陪他到儋州，生活虽然贫困，却能安然处之，经常与当地父老一起出游，也有时间研究六经、写诗著书，颇有成就。

元符三年（1100 年），哲宗病危，大赦天下，苏轼改放廉州（广东合浦）。两年后，哲宗去世，徽宗即位（崇宁元年，1102 年），苏轼获赦，北返经过常州，因病去世，享年 66 岁。

欲将佳茗比佳人

苏轼爱茶，知道茶的好处。他在《仇池笔记》中有一则《论茶》，提到茶能“除烦去腻，不可缺茶”。他接着说，但是，茶也暗中损人不少。他发现一个好方法，每次吃过饭后，用浓茶漱口，既可去烦腻，又不伤脾胃，还可使牙齿坚固。不过，用来漱口的是中下等茶，好茶也不常有，数天才喝一杯，也不危害身体。

这段话，不大像是爱茶的苏东坡所说的，可能是晚年在广东惠州或海南儋州写的，或是好事者搜集他的书帖编辑成书的。

苏轼曾经将茶比作佳人，至今传为佳话。他的朋友曹辅寄给他福建北部民间私焙贡茶茶园壑源试制的新茶，苏轼回赠一首《次韵曹辅寄壑源试焙新茶》：

仙山灵雨湿行云，洗遍香肌粉未匀，

明月来投玉川子，清风吹破武林春。

要知冰雪心肠好，不是膏油首面新，

戏作小诗君莫笑，从来佳茗似佳人。

这首诗，可能是苏轼在担任杭州知州（哲宗元佑四年－元佑六年，1090–1092年）的时候写的，曹辅是哲宗元符年间（1098–1101年）的进士。苏轼一开始就想象，仙山行云灵雨，沐浴山上灵茶仙子，使得茶仙子肌肤散香，变成月团茶，像一轮明月，来杭州（或称武林）投奔苏轼（自比爱茶人卢仝玉川子）。壑源的团茶，不涂膏油，所以看得出来茶仙子心肠好。在下戏将好茶比作佳人，大家就别见笑了。

汲江煎茶夜听更

苏轼爱茶，也爱佳人，还有心情写诗，显示这时期的苏轼，生活还很快乐。

哲宗元符三年（1100年），苏轼在海南儋州汲取江水煮茶，写了一首《汲江煎茶》：

活水还须活火烹，自临钓石汲深清，

大瓢储月归春瓮，小杓分江入夜铛。

雪乳已翻煎处脚，松风忽作泻时声，

枯肠未易尽三盌，卧听山城长短更。

那年春天的一个晚上，想要煮茶来喝，要有活水猛火来煎，就跑去江边钓鱼石上，弯腰深入江水去汲取活水。大瓢取水，一轮明月照映在水瓢中，乃将明月带回家，储存在水瓮中，再用小杓分开江水，倒入煮水的茶锅中。水开了，茶叶放下去，冲激起一些白色泡沫，有如雪白的乳水，在煎锅旁翻滚。点水成茶，就倾注到茶碗中吧，忽然像一阵松风的声音吹过，茶已在碗中。要像卢仝那样只喝三碗茶，就能搜尽枯肠写出五千卷的文章，恐怕不容易吧。喝了茶，也写不出文章，那就躺下来睡觉吧，山野的日子真无聊，只听得山城里的忽长忽短的打更声，敲破心中的寂静。

如愿常州来终老

在海南放逐的生活，确实是苏轼人生中的低潮，可是他不以为意，还是喝茶写诗，安心过日子，只想过着与世无争的生活。可惜年岁已大，身体也不好，即使徽宗赦免他，蔡京担任宰相，苏轼的日子也不会好过。他先回到常州，没想到却一病不起。当年在乌台诗案期间，他曾寄诗给弟弟苏辙，表明百年后，“桐乡知葬浙江西”，希望以阳羡为归处，谁知他日竟然应验。

月有阴晴圆缺，人有悲欢离合，此事苏轼早已心里有数，不论是得意或失意，他都淡泊处事。他在《寄周安孺茶》中说，“好是一杯深，午窗春睡足”，或许这就是苏轼的茶诗人生吧。

八 今茶

当今的茶，不论是种茶、采茶、制茶、品茶都是从唐宋的基础，和明清的传统，加以延续改进。茶的作用与营销，也更扩大。茶的研究与贡献，写下了新的一页。

（一）当代种茶法

中国古代著名的产茶区，除了极少数因为战乱等因素而消失之外，茶农为了生计，大多会在专家学者的辅导之下，开展新的种茶区，以当代技术来生产。

茶的生产，从选择好品种、种好茶开始。

1. 中国优良茶种

根据茶学专家刘熙的介绍，中国的优良茶种有：

（1）福鼎大白茶：原产福建福鼎县，为制造白琳工夫茶、银针的优良品种，属于半乔木型大叶种，树形高大，叶形椭圆。三月上中旬萌芽，清明前后开采，可采到一芽三叶，全年可采六轮。产量高，每亩地可产干茶 600–800 斤，茶单宁含量约 17.42%，用来制作红茶、绿茶、白茶，质量都良好。

（2）毛蟹：原产福建安溪大丘仑，属灌木中叶种，叶较厚，形椭圆，三月下旬萌芽，叶芽多白毫，萌发率高，芽头密集，四月中旬开采，全年可采 5–6 轮，秋茶产量较多，鲜叶含茶单宁约占 20.15%，适合制作乌龙茶、红茶。

（3）梅占：原产福建安溪三洋乡，属半乔木大叶种。叶形长椭圆，芽叶易采，也有利于机械采茶。三月下旬萌芽，四月中旬开采，全年可采 5 轮，产量高。茶单宁含量 19.21%，适合制作红茶、绿茶（有栗香，尤适合炒绿）、乌龙茶。嫩芽肥壮水分多，杀青前应适度摊凉失水，有利于提高质量。

（4）大叶乌龙：原产福建安溪兰田村，属灌木种，叶形椭圆，叶厚质较脆，叶面光滑黛绿，叶芽白毫较少，三月下旬萌芽，四月中旬开采，茶单宁含量18.68%，适合制作绿茶，质量好，但因不易发酵，不适合制作红茶。

（5）政和大白茶：原产福建南平政和铁山，是制作政和工夫茶和白茶的优良品种，属半乔木大叶种，生长迅速，叶椭圆，嫩芽色绿略带紫红，多白毫，粗壮易采，但萌发率低。四月上旬萌芽，四月下旬开采，属于迟芽种，可与早芽、中芽种混合种植。茶单宁含量19.32%，适合制作红茶、绿茶、白茶，特别适合制作红茶，香味鲜厚，汤色浓红。

（6）云南大叶种：原产云南，1946年引进到福建福安社口种植，属乔木或半乔木型大叶种。叶芽肥壮多白毫，三月上中旬萌芽，四月上旬开采，属早芽种，每年可采6–7轮。茶单宁含量22.15%，制作红茶质量特优，具有"滇红"原有风味。由于容易变红，味道苦涩，不适合制作绿茶。

（7）水仙：原产福建建阳水吉大湖，属半乔木大叶种，叶芽黄绿肥壮，白毫多，四月初萌芽，四月下旬谷雨前后开采，属迟芽种，每年可采5轮。茶单宁含量19.75%，用来制造武夷岩茶质量特优，制作红茶白茶质量也好。

（8）黄棪：原产福建安溪罗岩，属半乔木中叶种，芽叶黄绿，白毫少，萌芽率高，三月上中旬萌芽，四月上旬开采，属早芽种，全年可采6–7轮。茶单宁含量20.03%，适合制作红茶、绿茶、乌龙茶，质量均好。

（9）铁观音：原产福建安溪尧阳松岩村，属灌木状中芽种，叶形椭圆，质厚，叶色浓绿油光，芽叶肥壮略带紫红，萌芽率不高，三月下旬萌芽，四月中旬开采，全年可采5轮。茶单宁含量18.68%，制作乌龙茶质量特优，是"铁观音"乌龙茶的优良品种。但用来制作红茶、绿茶，质量普通。

（10）大毫茶：原产福建福鼎柏柳的汪家洋，属半乔木大叶种，芽叶粗壮特长，色黄绿，白毫也长，三月中旬萌芽，四月上旬开采。茶单宁含量 18.5%，适合制作红茶、绿茶、白茶。制作红茶香高味浓，质量优良。

（11）长红：原产福建安溪兰田，1946 年兰田大红品种，选出早芽长叶型茶株育种而成，属半乔木大叶种，芽叶粗壮，略带紫红，白毫少，三月中旬萌芽，四月上旬开采，全年可采 6 轮。茶单宁含量 22.17%，适合制作红茶、乌龙茶、绿茶。

（12）福云：1946 年以福鼎大白茶和云南大叶种自然杂交培育出来的新品种，属半乔木大叶种，芽叶肥壮多白毫，叶柄略带紫红，三月中旬萌芽，四月清明前后开采，产量高。茶单宁含量 23.42%，用来制作红茶有“滇红”的风味，制作绿茶质量亦佳。

（13）福云 6 号：由福云品种改良，茶单宁含量 24.06%，适合制作红茶、绿茶。

（14）福云 7 号：改良种，茶单宁含量 24.6%，制作红茶、绿茶，质量都好。

（15）福云 8 号：茶单宁含量 22.4%，适合制作红茶、绿茶。

（16）福云 20 号：茶单宁含量 25.7%，适合制作红茶、绿茶。抗寒能力强。

（17）福云 23 号：茶单宁含量 23.49%，适合制作红茶、绿茶。抗寒能力较弱。

（18）红芽佛手：原产福建安溪官桥金榜之骑虎岩，属灌木大叶种，叶芽肥壮，略带紫红，三月下旬萌芽，四月中旬开采，全年可采 5–6 轮。茶单宁含量 21.36%，适合制作乌龙茶与红茶。

（19）槠叶种：原产安徽祁门，属灌木种，三月中旬萌芽，四月上旬开采，十月休止。茶单宁含量 17.12%，制作红茶质量好。

（20）鸠坑：原产浙江淳安鸠坑，灌木大叶种，三月中旬萌芽，四月中旬开采，十月中旬休止。茶单宁含量 18.12%，可作红茶、绿茶。

（21）云台山：原产湖南安化云台山，灌木大叶种，四月上旬萌芽，四月中旬可采，十月下旬休止。茶单宁 21.39%。

（22）湄潭苔茶：原产贵州湄潭，灌木种，四月上旬萌芽，四月中旬开采，十月下旬休止，芽稍多带紫红色，茶单宁 21.34%。

（23）潮山水仙：原产广东潮山，半乔木状，三月下旬萌芽，四月中旬开采，十月上旬休止。茶单宁含量 26.07%。

（24）早奇兰：原产福建安溪，灌木状，三月下旬萌芽，四月中旬开采，十一月上旬休止。茶单宁含量 18.66%。

（25）坦洋茶：原产福建福安坦洋，灌木状，中叶种，三月中旬萌芽，四月中旬开采，十月中旬休止。茶单宁含量 18.99%，制作红茶、绿茶质量都好。

2. 原生改良各具优点

中国各地还有很多原生茶树品种，从以上所举例子可以获得下列结论：

（1）中国产茶地区，多以当地原生茶树种植，制作适合该茶种的茶。

（2）当地茶叶多按照传统方式制作，绿茶不经发酵，古人多爱绿茶清香，因此各地大多制作绿茶，云南茶叶自古外销四川、西藏、北方各地，必须长途运输，因此制作适合长途运输的完全发酵普洱茶。福建自唐宋以来即是贡茶产区，制茶的特色是乌龙茶。浙江则以龙井茶为主流。

（3）近代茶叶研究单位，引进外地茶种，改良本地茶种，找出抗旱、抗寒或早发品种，使本地茶叶更具市场竞争性。

（4）近代茶树多以插枝法繁殖，每年秋天或初春修剪茶树，来年才能长出更多的新芽。修剪下来的茶枝，即可用来开辟新茶园，或增加种植面积。新插枝的茶树，历经三年，即可长大开采，增加产量，也可以逐步更新茶园。

（5）根据研究，大叶种或抗寒力较差的茶种，冬天温度不宜低于 -5℃，小叶种不宜低于 -10℃。冬天温度如果太低，应有抗寒设施。

（6）日温达到 10℃ -12℃时，茶树会准备萌芽，14℃ -16℃时，开始萌芽，适宜的成长温度是 20℃ -30℃。

（7）茶树对雨量的适应性很强，从雨林到干燥山坡地区，都可生长。对温度的适应力有限制，中国北方最高到山东、河南还有种茶，西到陕西，南到云南、贵州，东到江苏、浙江、福建、广东、广西各地沿海，以及台湾，都有种茶。

（8）近年来提倡有机生态茶园，不使用农药，不用化学肥料，减少污染，生产安全无农药的茶叶，维护消费者的健康。也有茶叶学者专家要求茶农遵照规定使用政府许可的农药，在规定的施药安全期之后采茶，不要让农药残留在茶叶里，避免伤害自己和他人的健康。

（二）采摘

采茶以采摘一心两夜为原则，高等茶叶则采摘一心一叶，甚至只采茶芽。

为了制作具有特色的茶叶，各地方对采摘芽叶的要求标准，各不相同。原则上虽然是采摘一芽两叶，标准高的甚至只要采摘长芽或者是一芽一叶；制作二级茶的，可以采摘一芽两叶或一芽三叶。

从以下各种名茶采摘芽叶的标准，可以看出芽叶多少，对茶叶质量的影响：

1. 绿茶

（1）浙江西湖龙井茶：一芽两叶，特级茶一斤含茶芽 36,000 个以上。

（2）江苏洞庭碧螺春：一芽一叶，特级茶一斤含茶芽 65,000 个以上。

（3）四川蒙顶甘露茶：一芽一叶。

（4）浙江云和惠明茶：一芽一叶。

（5）安徽太平猴魁茶：一芽两叶。凡是一芽三叶或四叶的，均摘剩一芽两叶。

（6）广西南山白毛茶：特级茶一芽一叶，此外均一芽两叶。

（7）浙江顾渚紫笋茶：一芽一叶。

（8）浙江余杭径山茶：一芽一叶。

（9）四川峨眉峨蕊茶：一芽一叶。

（10）浙江普陀山佛茶：一芽两叶或三叶。

（11）浙江华顶云雾茶： 一芽两叶。

（12）江西庐山云雾茶：一芽一叶，长度不超过 3 厘米。

（13）浙江天目青顶茶：一芽一叶或一芽两叶。

（14）浙江雁荡白云茶：一芽两叶。

（15）安徽黄山毛峰茶：一芽一叶，或一芽两叶。三级品采到一芽三叶。

（16）广西桂平西山茶：一芽一叶或两叶。

（17）安徽齐云瓜片茶（古称六安瓜片）：一芽一叶或两叶，芽叶分开制茶。

（18）湖北恩施玉露茶：特级茶一芽一叶，此外为一芽二叶或三叶。

（19）湖南安化松针茶：一芽一叶，不采虫伤、紫叶、红叶、雨水叶、长叶。

（20）江苏南京雨花茶：一芽一叶，不采虫伤、紫芽、红芽等不良叶芽。

（21）安徽老竹大方茶：柔嫩的一芽三叶或四叶。

（22）湖南高桥云峰茶：一芽一叶，长约 2.5 厘米，百芽重 7.5–9.5 克。

（23）江西婺源茗眉茶：一芽一叶或二叶。

（24）河南信阳毛尖茶：一芽二叶。

（25）贵州都匀毛尖茶：一芽一叶，长度不超过 2.5 厘米。

（26）四川景星碧绿茶：一芽一叶。

（27）江西遂州狗牯脑：一芽一叶或二叶。

（28）浙江婺州东白茶：一芽一叶，长度不超过 2.5 厘米。

（29）浙江前岗辉白茶：一芽二叶或三叶，不采对夹叶或单片较大叶。

（30）安徽琅源松萝茶：一芽两叶或三叶。

（31）安徽涌溪火青茶：一芽一叶，长度 2.4–3 厘米。

（32）浙江莫干黄芽茶：一芽一叶。

（33）安徽敬亭绿雪茶：一芽一叶（一叶包一蕊），长度不超过 3 厘米。

（34）浙江修水双井茶：一芽一叶。

2. 乌龙茶

（1）福建武夷山岩茶：一芽两叶或三叶。

（2）广东凤凰水仙茶：一芽两叶或三叶，摘叶去茎。

（3）福建安溪铁观音：新芽长到四五叶时，五叶芽采三叶，三叶芽采两叶。

（4）闽台乌龙茶：一芽二叶或三叶。

3. 黑茶

（1）云南普洱茶：一芽二叶或三叶，次级茶可采到一芽四叶。

（2）广西苍悟六堡茶：嫩叶或较老叶均可，一芽四叶或五叶。

4. 黄茶

（1）湖南君山银针茶：一芽或一芽一叶，芽作尖茶，叶作茸茶。一斤银针茶，含茶芽 25,000 个茶芽。

（2）福建福鼎莲蕊茶：一芽二叶。

（3）浙江温州黄汤茶：一芽二叶。

5. 白茶

（1）福建银针白牡丹：银针茶摘取顶芽，白牡丹茶摘取一芽二叶。

6. 红茶

（1）云南工夫红茶：特级茶一芽一叶，其他为一芽二叶或三叶。

（2）安徽祁门工夫红茶：特级茶一芽一叶，其他为一芽二叶或三叶。

（3）四川工夫红茶：一芽二叶或三叶。

7. 花茶

（1）江苏苏州茉莉花茶：以条茶、尖茶、大方茶或龙井、碧螺春等高级茶为毛茶（茶胚），添加各等级的茉莉花熏香制成，芽茶采摘标准随毛茶的等级而有不同的要求。

（2）福建福州茉莉花茶：各种毛茶均可加入茉莉花熏香。

从以上各类茶的采摘标准来看，

（1）上等绿茶以采摘一芽一叶为原则，次等绿茶可采摘一芽二叶或三叶。另有只采长芽的特等茶，要求更高。

（2）乌龙茶的采摘标准较宽，可以采到一芽三叶。

（3）白茶、黄茶以一芽二叶为标准，银针则以茶芽为主。

（4）红茶、黑茶与乌龙茶采摘标准类似，可以采到一芽二叶或三叶。

（5）花茶以茉莉花香为特色，较不强调芽叶，茶叶等级高低与芽叶老嫩有关。

（三）制茶

1. 质量要求

制茶方法的不同，是各种名茶特有的传统与技巧，目的在显现当地名茶的特色、与色香味的优点。这些制茶方法大多是自古流传下来的经验累积，加上现代技术与设备的改进，成就了各地名茶的独特滋味。

绿茶的质量，以西湖龙井茶为例，通常要求达到“色绿光润，形似碗钉，藏锋不露，匀直扁平，香高隽永，味爽鲜醇，汤成碧绿，芽叶柔嫩”。茶叶外观光绿，香气充分，茶汤甘醇、汤色碧绿，是绿茶的基本要求；至于外型扁平似碗钉，或是弯曲似眉毛，或是卷曲像珠螺，则是各地名茶的特殊要求。

青茶（乌龙茶）质量的基本要求，以武夷山岩茶为例，必须达到“香高持久、味浓醇爽、饮后留香、茶叶呈现红镶边、绿玉片、茶汤晶莹黄亮”。

浪青机取代手工浪青，让波动茶青更省力。

红茶质量要求，以滇红为例，必须达到“香气浓高持久，滋味浓强醇爽，茶汤红浓艳明，耐泡、耐储藏”。

普洱茶属于黑茶，必须达到“香气高锐持久，滋味浓强，茶汤橙黄浓醇”。

白茶，以湖南君山银针茶为例，必须达到“香气清高，味醇干爽，汤黄澄亮”的要求。

黄茶，以浙江温州黄汤茶为例，质量要求达到“香气清芬高锐，茶味鲜醇爽口，汤色橙黄鲜明”。

茶汤的基本要求，都是“色、香、味”俱佳，有的要求清香，有的要求浓香，茶汤甘醇是共同的要求。如何达到这些标准呢？制作过程就是关键。

根据刘熙《茶树栽培与茶叶初制》的说法，我们不妨将各地名茶的制作方法加以比较如下：

2. 绿茶制法

（1）浙江西湖龙井茶：芽叶须经杀青、回潮（摊凉）、簸片、分筛、辉炒。低级茶则在杀青后增加揉捻、炒二青两道工序。

制作绿茶，只需在室内放置一段时间，即可进行锅炒。但是制作乌龙茶、红茶、黄茶，都需要在室内萎凋，进行发酵。

辉炒是把茶叶放在锅里抓、扣、拓、捺、压，制成形如碗钉、茶味清香淳厚的龙井茶。

杀青锅温 100℃ -120℃，接着逐渐降温到 80℃ -90℃，杀青必需均匀而充足，达到初具条胚和保持色泽翠绿，杀青完成时锅温 40℃ -50℃，炒到芽叶萎软、青气消失，茶香透露，芽叶含水量 20%-25% 为杀青适度。

杀青后摊凉 40-60 分钟，再分批辉炒，锅温先从 40℃开始，10 分钟后升高到 50℃ -60℃，再过 10 分钟，锅温降为 40℃，直到芽叶含水量 4%-5%，色绿光润，辉炒即完成。

（2）江苏洞庭碧螺春：茶叶经过杀青、炒揉、搓团、焙干等程序，炒揉兼并，在同一锅内完成，外型像卷曲的螺，颜色碧绿，故称碧螺春。

杀青锅温 120℃，投入芽叶 500-600 克（约一斤），抖炒闷炒并用，历时 3-5 分钟，青气消失，茶香透出，杀青完成。

接着揉炒，锅温 50℃ -60℃，押着茶叶沿着锅边旋转，交替进行炒、揉、抖，当芽叶卷成条状、不黏手，即可降低锅温搓团焙干，炒揉历时 5-7 分钟，茶叶 7 成干。

搓团焙干的目的，在使芽叶卷曲，锅温 40℃，边炒边搓团，将茶条捞起一部分，在双手中搓转成茶团，放入锅中焙烤，整锅茶条完成搓团后，再逐一复搓，茶条卷曲，边炒边抖，炒至 9 成干即完成。

（3）四川蒙顶甘露茶：甘露茶须经“四炒、三揉、一烘”，也就是杀青、初揉、炒二青、二揉、炒三青、三捻、炒形、烘干。炒青锅温是关键。

杀青锅温 120℃ -140℃（次级茶 160℃ -200℃），每锅投叶 500 克，抖炒 5-7 分钟，至叶软、青气消失、茶香透出为杀青适度。

初揉要趁热，轻揉 3-5 分钟，以芽叶初卷为适度。接着，以 90℃ -120℃锅温（次级茶锅温 130℃ –160℃）二次炒青（炒二青），双手抓叶抖炒 10 分钟，进行二次揉捻 3–5 分钟。

炒三青锅温 50℃ –80℃，炒至 6–7 成干，趁热进行第三次揉捻 5–7 分钟，以条紧显毫为适度。

炒形时，锅温降至 50℃ –60℃，聚团翻滚炒搓，使条索更结实，茶芽 8 成干，即可进行烘干，温度 70℃ –80℃，每隔 3–5 分钟轻轻翻叶 1 次，至含水量 7% 以下，即成甘露茶。

（4）浙江云和惠明茶：铜锅杀青，翻炒均匀，讲究火候，出锅摊凉，轻柔细搓，条形紧细，焙笼烘干，再炒整形，条紧茶干，香气四溢。

（5）安徽太平猴魁茶：杀青、烘焙、不揉捻，上午采，中午拣选茶尖，下午制茶。

杀青锅温 100℃，每锅投叶 75–100 克，双手抖炒，每分钟翻炒 30 次，捞干净，免焦边，带得轻，保芽毫，抖得开，茶香来。杀青 3–4 分钟，须待青气消失、茶香透露，出锅抖散，摊凉回潮，进行三次烘焙，头烘温度 90℃，烘 2–3 分钟，转入 80℃锅烘至 6 成干。

摊凉后进行二烘，锅温 60℃ –70℃，投叶 600–800 克，叶软翻叶整形，历时 25–30 分钟，以半数叶茎枝可折断为适度。

三烘温度 40℃ –50℃，每锅投叶二斤，翻叶 4–5 次，历时 20–30 分钟，烘至足干。

每次烘完，均需摊凉再烘，三烘至干，趁热装箱，经过热化，茶味醇和。产地在安徽太平猴坑，故称猴魁茶。

（6）广西南山白毛茶：杀青、揉捻、炒青、炒干，避免白毫脱落，条形不断。

杀青采用斜锅，锅温 180℃ –190℃，每锅投叶 2–3 斤，抖炒、闷炒、翻炒约 5–7 分钟，以色暗、茎软、青气消失、香气初透为杀青适度。

揉捻采用揉捻机，轻压、中压交替揉捻 14–16 分钟，揉后解块。

炒青锅温 80℃ –85℃，炒至 5–6 成干。炒后摊凉，再烘干，翻炒要轻，炒制茶色银绿，白毫显著，即成白毛茶。

（7）浙江顾渚紫笋茶：唐代紫笋茶采蒸茶法，蒸过碾碎，压制月团饼茶。宋代则为蒸青、研膏，压模制成龙团茶饼。明代改为炒青条形散茶。

当代紫笋茶，已采用绿茶制法，经过杀青、炒青、干燥等程序。

（8）浙江余杭径山茶：唐宋径山茶，均为抹茶做法。近代则采绿茶炒青揉条烘干做法。

（9）四川峨眉峨蕊茶：四炒、三揉、一烘。特级茶为纯芽，不能揉断茶芽。一级茶为一芽一叶，必须轻揉，慢揉成条。

杀青锅温 110℃ –120℃，2–3 分钟后降至 100℃，每锅投入芽叶 300 克，轻快抖炒，芽叶热软，历时 5–7 分钟。

初揉趁热，轻揉 5–7 分钟，以芽叶初卷成条状为适度。

二炒锅温 70℃，轻翻抖炒 8–10 分钟，炒茶至 8 成干。炒后二揉，搓条后要解块，防止热闷成黄叶，历时 10–15 分钟。

三炒锅温 60℃，轻翻抖炒至 6 成干。趁热三揉，茶条紧结为适度。

四炒锅温 50℃ –60℃，抖炒后，升温至 70℃，炒揉并用，茶香散发，剔除松散叶、脆裂叶等不良茎叶，以 80℃ –90℃烘干为止。

（10）浙江普陀山佛茶：绿茶炒青制法，历经杀青、揉捻、炒二青、炒三青，条形卷曲，略带圆形，形似凤尾，再烘干成茶。

（11）浙江华顶云雾茶：炒青绿茶做法，历经杀青、揉捻茶条卷曲成钩状（钩青），再烘干。

（12）江西庐山云雾茶：历经杀青、揉捻、初干、搓条、再干五个阶段。抖炒杀青后需摊开散热，再经手工轻揉成条、叶汁溢出，再投锅中抖炒，搓条后，再锅炒至干。

杀青锅温 150℃-160℃，每锅投叶 300-400 克，双手抖炒，逐渐降温，历时 6-7 分钟，消青气、显茶香为适度。

接着出锅抖扬散热，然后手工轻揉，以茶叶成条、茶汁溢出为适度。叶团需经解块，再入锅抖炒，锅温 60℃-80℃，炒至 6-7 成干，再放进 60℃的锅中搓条，轻揉重压交替使用，历时 20-25 分钟，茶条紧密，白毫显露，即可再度烘干，锅温 75℃-80℃，轻翻轻炒，茶香扑鼻，即成云雾茶。

（13）浙江天目青顶茶：杀青、扇凉、轻搓揉、初烘、摊凉，再足火烘干。

（14）浙江雁荡白云茶：杀青、初揉、初烘、复揉、烘干。炒做宜熟不宜生，杀青烘干均很充分，装罐耐藏。

（15）安徽黄山毛峰茶：烘青绿茶制法，经杀青、揉捻（特级一级茶不揉捻）、干燥三道程序。

杀青锅温 150℃-180℃，扬抖炒并用，使青气发散。

揉捻用于二、三级茶，杀青后趁热轻揉至条索形成。特级茶及一级茶，因芽叶柔软，不需揉捻。

初烘分四种温度，设置四个烘笼，温度分别是90℃、80℃、70℃、65℃，先从90℃烘起，轮流烘焙，至8成干，取出摊凉后，再以60℃烘干。

（16）广西桂平西山茶：历经摊青、杀青、炒揉、炒条、烘焙、复烘六道程序。

上午采叶后立即摊青，以失水8%-10%为摊青适度，夏天约需3-4小时。

傍晚进行杀青，特级茶每锅投叶400-500克，一级茶投叶500-600克，锅温180℃-200℃，1-2分钟后降温，先闷炒，后扬炒，约3-5分钟，以叶软、色暗、稍黏手为杀青适度。

杀青后摊凉，趁微温手揉成条，再入锅中炒揉，锅温50℃，边炒边揉，至条索紧系，历时约25分钟。

炒揉后进行炒条，每锅投叶600克，锅温50℃-60℃，茶叶软热后，滚捺与翻炒并用，炒到全锅茶条均匀，约经10-15分钟，出锅抖开散热。

烘焙分初焙与复焙，采用五层焙笼，烘温80℃，下笼较热，上笼温度较低，上下层需依次移换，约经1小时，烘制8成干。

复焙时，烘温30℃-50℃，历时约1小时，烘焙至干。

出货前再以20℃-50℃烘焙至茶香显露，摊凉后即可装罐出售。

（17）安徽齐云瓜片茶：（古称六安瓜片）烘青绿茶制法，但不经揉捻。

上午采摘，下午将芽、茎、叶分别拆开后炒制，先炒顶芽（攀针），次炒嫩茎（针把子），再炒第一片嫩叶（瓜片），最后炒第二片嫩叶（梅片）。

炒瓜片须经两锅，头锅杀青1-2分钟，锅温80℃-100℃，炒帚快速使嫩叶在锅中翻转，防止叶片卷条，保持片状，然后扫入第二锅，锅温80℃，边炒边拍，使叶伸展成片，5–6 成干时出锅摊凉，再以 100℃烘干，趁热装箱。

（18）湖北恩施玉露茶：沿袭唐代蒸青制法，制茶须经蒸青、扇凉、初焙、揉捻、再焙、制形六道工序 。

初焙锅温 140℃，以双手翻叶，捧起抖散焙炒，再用机器揉捻成条，入锅再焙，锅温约 100℃，双手捧叶来回揉动，两人对立在焙锅两边，配合推揉焙炒 8–10 分钟，摊凉后制形。

制形时双手捧茶，在焙盘上高举搓动成圆紧直条，还要在焙盘上滚边擦焙，然后在焙盘上轻炒上光，历时 70–80 分钟，达到条形细紧圆直，色泽光润，茶叶足干，即成玉露茶。

（19）湖南安化松针茶：杀青、揉捻、炒胚、整形、干燥、拣剔六道工序。斜锅杀青，双手翻炒，滚动闷炒，抖散再炒，炒后摊凉。

揉捻成条出汁再炒胚。整形要在特制的揉盒中来回推动，炒揉并行，每 5 分钟解块一次，继续再揉，历时 40 分钟。

茶条薄摊在揉盒中以 35℃ –40℃烘焙，约 40 分钟干燥后，趁热取出，用桑皮纸包裹，放在石灰缸中储存 2–3 天，再取出挑剔不良枝条，使外形均匀一致，即成松针茶。

（20）江苏南京雨花茶：炒青绿茶制法，经杀青、揉捻、搓条焙干、精制四道工序。

杀青前须经摊放萎软，以 140℃ –160℃杀青，随即揉捻成紧密条形，再入锅双手合掌搓条，形成圆直松针状，锅温逐步降至 60℃ –65℃，再将茶叶在锅边往复摩擦挺直，使表面光滑，炒制 9 成干，完成毛茶制作。

毛茶再经筛选分类，去除碎片，并以锅温 50℃烘干完成。

（21）安徽老竹大方茶：须经杀青、揉捻、炒胚、整形、辉干五道工序。

杀青时锅温约 200℃，以茶香溢出为适度。

揉捻则以叶卷成条、茶汁揉出为适度，揉后解块摊凉。

炒胚时锅温 120℃－140℃，抖炒至不黏手，再降温，锅边炒揉，茶条成扁直形状，5-6 成干，继续降温至 90 度整形。

然后在锅温 50℃下，反复搭、拷、荡，炒制茶干香透，即成大方茶。

（22）湖南高桥云峰茶：茶叶采后摊青，再经杀青、清风、初揉、初干、做条、提豪、摊凉、烘焙八道程序。

杀青后摊凉、初揉，再放到 80 度的锅中初干，双手握茶条回转搓揉，让条索紧结，锅温降至 40℃－45℃，茶条压到锅边旋转炒动，去除茶汁薄膜，使白毫显露（提毫），摊凉 30 分钟，再以 70℃－75℃锅温烘焙至干，然后用桑皮纸包裹，放在石灰缸中储藏。

（23）江西婺源茗眉茶：须经杀青、揉捻、烘焙、炒干、再烘五道工序。

抖炒快速杀青，锅温从 140℃降至 100℃，炒后揉捻，条形保持完整。锅温 80 度烘干或炒干，再以 70℃烘到足干。

烘炒过程中，避免水蒸气闷蒸，促使青气发散，提高香气。

（24）河南信阳毛尖茶：杀青、炒条、烘焙三道程序，兼采瓜片茶与龙井茶的部分做法。

先在斜锅用炒帚炒青，锅温 120℃ -140℃，炒帚在锅中往复转圆揉捻，再扫入另一锅中炒条制形，锅温 80℃，双手抓调、甩调，造成条索细紧圆直，至 8 成干，再做两次烘焙。

毛烘温度 80℃，至 9 成干时取出摊凉，再以 50℃ -60℃锅温烘干。

（25）贵州都匀毛尖茶：杀青、揉捻、搓团提毫、焙干四道工序。

杀青锅温 120℃ -140℃，抖炒、闷炒并用，香气初显为适度。

然后在锅中推揉成条，锅温降至 70℃重揉轻揉并用，至 5 成干时，转为搓团提毫，锅温 50℃ -60℃，掌中握茶合掌旋搓，茶团有如乒乓球大小，再行烘烤至 7 成干，再解团搓揉成条形，边搓边炒，搓到白毫显现。烘干时锅温 50℃，烘到足干、香气透散为止。

（26）四川景星碧绿茶：烘青绿茶制法，须经杀青、揉捻、初烘、烘干四道工序。

杀青锅温从 130℃ -150℃逐渐降至 100℃ -110℃，抖炒、闷炒结合，炒过 4–5 分钟后，开始揉捻，使条紧汁出，叶组织破坏约 60%–70% 为适度（比一般绿茶揉捻破坏叶组织为重）。

初烘锅温 80℃ -90℃，至 7 成干时摊凉，再以 50℃ -60℃锅温烘干。

（27）江西遂州狗牯脑：杀青、揉捻、炒青、炒干。

杀青时每锅投叶半斤，以茶叶有爆声为适度。

趁热双手滚球式揉捻，揉至成条汁出为止。

揉后解团，在锅温 60℃的锅中抖炒，5 成干时进行擦炒，炒紧条索。

然后在较低锅温下翻炒理条至干，茶香溢出为止。

此茶产于江西井岗山区狗牯脑山中，遂以产地为茶名。

（28）浙江婺州东白茶：须经杀青、轻揉、初烘、再烘四道工序。

杀青时每锅投叶 100 克，锅温约 180℃，快速抛炒 2 分钟、拍拓 1 分钟完成。

然后出锅抖散，轻揉上烘。

初烘锅温 80℃，至 8 成干，摊凉，再以锅温 40℃ –60℃续烘至干，香气发扬为止。

（29）浙江前岗辉白茶：炒青绿茶制法，须经杀青、揉捻、初烘、炒二青、炒形、辉白六道工序。

杀青锅温 230℃，双手持竹叉翻炒，闷炒抖炒并用，茶香透露，再揉捻至条紧汁出为止。

初烘锅温 60℃，约 4–5 分钟，炒二青锅温 120℃，先抛炒、后推炒，使茶叶卷曲成颗粒状，历时约 1.5 小时。

烘形锅温 100℃，慢动作轻炒至 9 成干。辉炒锅温 80℃，使茶叶在锅面受到磨擦，形成表面辉白光润，到足干、表面“辉白起霜”为止。

（30）安徽琅源松萝茶：炒青绿茶制法，历经杀青、揉捻、辉炒烘干完成。

（31）安徽涌溪火青茶：炒青绿茶制法，须经杀青、揉捻、初炒、炒干四道工序。

杀青锅温 160℃，再降到 120℃，多抖少闷。

初炒锅温 90℃，抖炒翻炒至条紧卷曲，至 5–6 成干，取出摊凉。

烘干锅温 60℃，等茶叶热软，降低锅温至 30℃ -40℃，炒至条紧茶干，充分透露茶香为止。

（32）浙江莫干黄芽茶：黄芽茶的古代制法为炙、按焙、汰，也就是杀青、揉捻、焙干、拣剔。

当今黄芽茶须经杀青、轻揉、初烘、炒条、烘干五道工序。

采用烘干法，是为了保持嫩芽白毫完整。茶干条细有如莲蕊，含有嫩黄白毫牙尖，故称黄芽茶。

（33）安徽敬亭绿雪茶：须经杀青、作形、干燥三道程序。

杀青锅温 130℃ -140℃，抖炒闷炒并用，青气消失、茶香初露为适度，然后出锅摊凉。

作形锅温 60℃，双手搭炒、扣炒，贴锅往返滚动，促使茶条挺直扁形，状似雀舌，避免白毫脱落、芽尖脆裂。

烘笼初烘 110℃，须加翻动茶叶。再烘温度 60℃，低温长烘约 1 小时，至茶香发挥、茶叶足干为止。

（34）浙江修水双井茶：须经杀青、揉捻、初干、足干四道程序。

杀青锅温 140℃ -150℃，闷炒抖炒并用，再降温至 120℃。

摊凉后进行揉捻，先轻后重，至叶卷成条、茶汁溢出为止。

初干锅温 100℃，翻炒抖散搓条，炒至 7 成干，再将茶叶放在烘焙炉的茶盘上，以 60℃炉温烘焙至茶香发扬、完全干燥为止。

3. 乌龙茶

（1）福建武夷山岩茶：乌龙茶的制法，兼采绿茶与红茶的制作方法，摇青、摊青反复进行，萎凋达到“绿叶红镶边、三分变红、七分绿”，再以“文火慢焙”烘出香气。

制作过程须经晒青、凉青、摇青、做青、凉青、杀青、揉捻、初焙、焙干等复杂程序。

日光萎凋为晒青，傍晚日落以前进行，使叶面萎软失去青气，然后移到室内凉青，再进行摇青，以手轻拨是做青，目的在使叶缘摩擦，产生“绿叶红镶边”。

摇青凉青的次数频繁，让茶叶内部自然发酵，等到发酵适度，再以杀青制止，然后揉捻初烘，再以桑皮纸包裹，慢火长烘 6–8 小时，烘出浓烈的香气。

（2）广东凤凰水仙茶：下午采茶、摘叶去茎，傍晚晒青、通宵制茶。

晒青后移到室内凉青、翻青，两凉两翻后碰青，再翻再碰再凉。

8 小时后发酵适度，高温杀青揉捻，再炒再揉，然后以 90℃烘至 7 成干，摊凉，再以 70℃烘到 9 成干，放 1–2 日，以 30℃烘到完全干。

日光萎凋是制作乌龙茶的必经过程。

经过剔除不完美的茶叶后，最后以 70℃烘焙 8 小时，使茶香充分显露，包装密封装箱。

（3）福建安溪铁观音：做法与乌龙茶制法基本相同，但摇青次数较多，凉青时间较短。

通常是傍晚前晒青，通宵摇青、凉青，次日早晨完成发酵，再炒揉烘焙，一昼夜完成。

铁观音茶要求达到“青蒂、绿腹、红镶边、三节色”，晴有北风的日子做茶质量最好，阴天或茶叶露水未干，所制茶香气较差。雨天采制者有臭水管味道。

（4）闽台乌龙茶：安溪乌龙茶与安溪铁观音制法略同。

（5）台湾乌龙茶含毫芽较多，发酵度较高，须经日光萎凋、碰青发酵、炒青、揉捻、干燥五个阶段。

日光萎凋每隔 5–20 分钟翻叶一次，以减重 15%–20% 为适度。

萎凋后移到室内，静置约 1 小时，再作摇青，室温 22℃ –25℃，使茶叶受到摩擦，促进氧化作用，每次摇青后需静置，总共摇青 5–6 次，至叶缘有红褐色，发出清香，再进行杀青。

杀青开始时锅温 150℃ –160℃，翻炒 7–8 分钟后，锅温降至 60℃ –70℃，茶叶减重约 50% 为适度。

机器揉捻约 8–15 分钟，揉后解块干燥，烘温 85℃ –90℃，烘焙约 30 分钟，再以烘笼分两次烘焙，第 1 次烘温 105℃ –115℃，烘到 8 成干，再降温到 90℃，烘至干燥为止，经整形分级，即成台湾乌龙茶。

4. 黑茶

（1）云南普洱茶：普洱茶为亚发酵青茶制法，历经杀青、初揉、初堆发酵、复揉、再堆发酵、初干、再揉、烘干八道工序。

安化黑茶自明朝嘉靖年间开始生产，是湖南安化茶区的特产。

杀青锅温 100℃ –120℃，双手翻炒，大量蒸汽蒸发后，改用炒叉闷炒，至青气消失为适度，初揉以条紧汁出为适度。

初堆发酵 6–8 小时，可除涩变醇，叶色黄绿带红斑，然后复揉约 20 分钟，揉紧条形。

揉后不解块，即行再堆发酵，历经 12–18 小时，达到应有的发酵程度。

然后日晒到 4–5 成干，再揉 15–20 分钟，即以 100 度烘干，成为毛茶（散茶）。

如要制作型茶，可再加工蒸压成型，去模烘干，即成饼茶或陀茶。

（2）广西苍悟六堡茶：六堡茶须经初制、精制、蒸筑、陈化等过程。

初制包括锅温 110℃ –120℃的杀青，以茎叶柔软为适度。

初揉到条紧汁出为止，初烘温度 55℃ –60℃，再以相同温度进行渥堆发酵，经 15–24 小时，达到醇香、汤色黄红为适度。

然后进行烘干，温度 40℃ –50℃，烘 7–10 分钟，趁热揉捻 20 分钟，再烘 2–3 小时，温度 55℃ –65℃，烘干为止。

六堡茶为后发酵茶类，越陈越受欢迎。精制须先分类，再经初蒸焗堆，至发出醇甜香气为适度。取出散热后，复蒸装篓，每篓三层堆置，包装后放置阴凉通风处 7–10 天，然后搬进屋内，经过半年的堆放陈化，达到六堡茶的质量要求时，才出厂供货。

5. 黄茶

（1）湖南君山银针茶：黄茶制作，须经杀青、摊凉、初烘、摊凉、初包（桑皮纸包裹发酵）、复烘、再包、焙干八道程序，特别是两道包裹发酵，是制成茶汤黄澄、茸毫色黄的黄茶的关键。

杀青温度先高后低，从 100℃降至 80℃，抖炒须快，茶香透露为适度。摊凉 4–5 分钟后初烘，锅温 50℃ –60℃，烘至 5 成干，摊凉，再将 4–5 斤茶用双层皮纸打包，至于发酵箱中发酵 40–48 小时，内外茶叶翻包散热，始终维持约 30℃，待芽色呈黄，有黄茶香气，即可复烘。

复烘锅温 50 度，10–15 分钟翻动 1 次，至 8 成干，复包发酵，经过 22 小时，至香气浓郁，色泽呈黄为止，即可以 50–55 度锅温烘干。

（2）福建福鼎莲蕊茶：须经萎凋、杀青、揉捻、初烘、再烘五道程序。

室内摊放，自然萎凋 14–16 小时，至茎叶萎软暗绿为适度。

斜锅杀青，锅温 120℃ –130℃，双手翻叶抖炒，至产生大量水蒸气时，改用竹叉翻叶、推压、抖炒约 5 分钟，至青气消失、香气透出为适度。

杀青后摊凉，再进行揉捻，轻压重压交替使用。

初烘锅温 85℃ -90℃，每隔 5-6 分钟翻叶 1 次，烘至 7-8 成干，摊凉 1-2 小时后再烘，锅温 70℃ -75℃，至烘干为止。

（3）浙江温州黄汤茶：黄茶制法，须经杀青、揉捻、初闷堆、炒二青、复闷堆、干燥五道程序。

杀青锅温 220℃，抖炒 7 分钟后，降温至 180℃，抖闷并炒，至茶香透漏、青气消失为适度。

接着趁热揉捻，条紧汁出为适度。

揉后叶芽装入竹篓，厚度约 12 公分，进行氧化作用约 2 小时，至芽叶黄绿清香散出为适度。

炒二青时锅温 120℃ -140℃，炒紧条形，闷炒抖炒并用，约 10 分钟，茶有 8 成干为止。

趁热再装入竹篓进行复闷堆，约 5-6 小时，达成芽叶细黄、香气清高、鲜醇爽口的要求，再以锅温 90℃烘干或烘炒，锅温再降为 80℃，烘炒至干为止。

6. 白茶

（1）福建银针白牡丹：银针茶摘取顶芽，白牡丹茶摘取一芽二叶，历经萎凋、拣剔、烘干三道工序。

芽叶摊放在竹筛上，室内自然萎凋，双手持筛轻轻筛动，让茶叶平均分布，放置架上，不必翻叶，室温约 24℃ -25℃，湿度约 66℃ -78℃，放置 45-48 小时，叶色深暗、芽尖嫩茎翘尾，叶缘垂卷。

然后 4 筛合并为 1 筛，再放置 12 小时，至 9 成干为适度。

接着剔除红叶、黄叶、腊叶、老叶等不良芽叶，再以锅温 70–80 度、烘焙约 15–20 分钟，轻加翻叶，烘至足干为止。

7. 红茶

（1）云南工夫红茶：滇红制作，须经萎凋、揉捻、发酵、干燥四道程序。

萎凋分为室内萎凋与槽内萎凋，室内自然萎凋温度在 20℃ –24℃，湿度 65℃ –75℃，经过 10–14 小时（3 级茶以上需要 15–18 小时）完成萎凋。

如果放在萎凋槽内萎凋，室温须在 30 度以上，每槽可放茶叶 100–125 公斤，至茶叶含水 60%–65% 为止。

揉捻室温以不超过 24 度为宜，揉捻 3 次，揉后解块，细紧叶条可即进行发酵。

茶叶堆置发酵筐，厚度 5–7 公分，室温 23℃ –26℃，至茶叶成铜红色、有熟苹果香气、茶汁泛红，即为发酵适度。

干燥分两次进行，第一次烘焙温度 95℃ –100℃，烘至 7–8 成干。第二次烘焙温度 80℃ –85℃，烘至足干。毛茶上须经过分级归类，加工精制，始成滇红。

（2）安徽祁门工夫红茶：须经萎凋、揉捻、发酵、烘干、精制等程序。

萎凋分为室内自然萎凋、槽内萎凋、机器萎凋三种。

由于祁门阴雨天较多，多采槽内萎凋，可缩短时间。气温 30 度以下，则需加温萎凋，始温度控制在 35℃ –38℃，每小时翻叶 1 次。经过 4–5 小时，茎叶萎软，叶色暗绿，即可进行揉捻。

一般分作三次揉捻，轻压、重压轮流使用，揉后分级进行发酵。

茶叶放在发酵盒，室内温度 24℃ -28℃，湿度 95℃，历经 3-5 小时，青气消失、有熟苹果香气，叶呈铜红色，即为发酵适度。

烘干分两次进行，第一次烘温 100℃ -110℃，烘 15-16 分钟，摊凉 1-2 小时，再以 80℃ -90℃烘 15-20 分钟，至 9 成干，摊凉，再作精制，整形、分级，完成制作。

（3）四川工夫红茶：须经萎凋、揉捻、发酵、干燥四个阶段。

萎凋程度以茶叶含水量 60% 最合适。揉捻采用机器，高级茶叶嫩，揉捻时间较短，次级茶揉捻时间较长，揉捻目标是汁出叶紧。

发酵以茶叶呈铜红色、有熟苹果香气为适度。干燥分两次进行，初烘温度 90℃ -100℃，摊凉后再烘，烘温 80℃ -90℃，烘到含水量 5%-6%，即成毛茶，然后再分级加工精制，川红即可上市。

8. 花茶

（1）江苏苏州茉莉花茶：以条茶、尖茶、大方茶或龙井、碧螺春等高级茶为毛茶（茶胚），添加各等级的茉莉花熏香制成。

芽茶采摘标准随毛茶的等级而有不同的要求。茶胚的含水量与吸收花香的程度有关系，含水量以 4%-4.5% 为适宜，茶胚温度 30℃ -32℃时，加入茉莉鲜花，有助于花香释出，如果茶胚温度高于 35℃，则茉莉鲜花会烫谢，茶汤会带有青涩味。

花开以 75%-90% 为适度。熏花时，放在特制木箱中，一层茶胚，一层鲜花，再放一层茶胚，加盖密封。

当茶胚温度到达 48℃时，要取出散温。第二次渥堆温度 45℃，第三次渥堆温度 42℃，第四次渥堆温度 40℃，当花香吐尽，花已凋谢，即可取出。

用机器将花与茶叶分开，将茶烘干，有些花茶含有茉莉干花。

（4）福建福州茉莉花茶：熏花前，须先剔除花蒂、杂质，花朵开放 80%，即可加入茶胚熏香，经过渥堆、散热、再渥堆等程序，筛去干花，再将茶胚以 100℃ -120℃烘干。熏香除了采用茉莉花外，也有采用浓香的珠兰花，以适应顾客的喜好。

各种茶叶有不同的制作方法，需要细心、耐心，才能制作出特等奖的好茶叶。

炒茶是非常重要的工作。鹿谷茶农苏文昭经常公开表演徒手炒茶的功夫。

茶叶烘焙，是决定茶味与香气的关键。

（四）制茶原理

一般制茶，都须经过萎凋、杀青、揉捻、发酵、干燥等程序，不同茶种的制作程序，会按照各自的需求而有所增减。

茶叶从采摘下来起，内部已经开始发生各种变化，茶叶成分转化程度的不同，是茶汤甘甜苦涩、香气浓淡、汤色红绿黄白的重要原因。

1. 萎凋

红茶、乌龙茶（青茶）、白茶，均须经过萎凋，绿茶、普洱茶（黑茶）、黄茶，不经过萎凋。

萎凋会使芽叶失水，造成叶内的多醣、蛋白质、原果胶素转化为可被人体吸收的单糖、氨基酸和水化果胶素，茶单宁（儿茶素）会起氧化作用，咖啡因也会因制作方法不同而产生变化。

茶单宁，又称茶多酚，茶鞣酸，包含黄烷醇类（儿茶素）、黄酮类、黄酮醇类等，其中以儿茶素最重要，是茶汤色香味的主要来源。

各种茶类有不同的萎凋标准，红茶要求茎叶均衡失水柔软，易于揉捻成条；乌龙茶要求叶片迅速失水，一二叶垂软，方便摇青；白茶则需要失水较重，才能形成其特有的质量。

2. 杀青

杀青的目的，在运用高温瞬间制止鲜叶中的酶继续作用，制止单宁氧化，保持绿色，避免叶子变红，同时也要使青味消失，茶香显露。

酶，是一种有机转化剂，由蛋白质组成，茶叶中的氧化酶，在45℃时，活性最强，能使茶叶在短时间内变红，但在75℃以上则开始失去活性。所以，杀青锅温都在80℃以上，闷炒会产生大量水蒸气，增加杀青的速度。但是，闷炒过度则使镁离子释出，形成苦涩味。适度杀青才能使醣类转化为焦糖，增加甜味。

杀青时，绿茶要求叶底保持绿色，均匀明亮。抖炒、闷炒，各茶种均有不同的要求，但都以“青味消失、香气透露”为杀青适度的基本标准。

过去用手揉捻茶叶，现在已普遍使用揉捻机。

3. 揉捻

揉捻的目的在破坏叶细胞，使茶汁凝结在茶叶表面，烘干后增加茶的浓度与茶香。

揉捻力道或轻或重，要看茶种的要求。绿茶对细胞破碎程度要求不高，揉时宜短。红茶为了发酵，必须尽力破坏叶细胞，多采用轻压长揉。乌龙茶要趁热揉捻，又要避免叶子因堆热过久而产生黄霉味，必须迅速揉捻。黄茶也是趁热揉捻，白茶则有揉捻时间的要求，有时揉捻后要解块再揉。

茶叶发酵程度，影响茶汤的颜色与香气，茶叶发酵程度越高，茶汤颜色越浓郁。

4. 发酵

发酵是为了使茶叶内的各种成分产生变化，形成茶黄素、茶红素，使茶香更浓、茶汁更有特色。

绿茶不经发酵，茶味清香。包种茶发酵度较轻，乌龙茶、白茶都是半发酵茶，红茶为全发酵茶，要求发酵的程度比较高。普洱茶是后发酵茶，制成毛茶以后再继续发酵。

5. 干燥

干燥是将茶叶的水分烘焙至干，或用炒锅炒干，以烘焙出茶香，增加保存时间。

不同茶种对干燥方式有不同的要求，对烘焙温度也有不同的标准。

烘焙乌龙茶，要求细火慢烤，才能使茶香显露。红茶也是要求“文火慢烤”。

绿茶则需要高温快炒，保持茶叶鲜绿。有些黄茶或普洱茶、六堡茶，则需要在烘焙后趁热装箱，让茶叶继续热化。

制茶是一种艺术的表现，目的要使茶叶的色香味更加完美，所以各地方有不同的制茶方法。如果要自己做茶，当然可以尝试各种方法，找出自己最满意的制茶方式。只要自己觉得好喝，就是天下第一好茶。

九

茶与养生

从公元前2737年代，神农大帝发现茶的解毒功能以来，茶从药用发展到成为美好的饮料，历经5000年，茶文化传播到全世界，在许多国家，茶是日常生活不可缺少的提神解渴绝佳饮品。

茶，究竟含有什么情愫，能够让天下人如此倾心喜爱？她有何能耐，让爱酒如命的大诗人李白、白居易，以及许许多多的文人雅士为之痴狂。吃斋念佛的僧侣，种茶制茶，再从吃茶中获得心灵的禅定。道家、佛家、养生家所追求的健康长寿，是喝茶的功效吗？

近代人在科学的研究之后，越来越重视茶的保健功能，难道价格普及的茶，和价值昂贵的高丽人参，都有不可忽视的效用吗？

茶和各种青菜一样，富含维生素 C，对人体有益。

1. 茶汤里面有什么？

爱喝茶的英国化学家布隆斯（A. J. W. Blyth），于 1879 年写了一篇研究报告《茶叶化学分析及其掺杂物》（*Analysis and Chemical Description of Tea and its Adulterants*），说明茶叶里面含有香精、咖啡碱（Caffeine）等茶素，还有茶单宁（儿茶素，Catechin）、草酸、胶质、叶绿素、钾钠钙镁铁硅等 14 种无机成分等等。（陈水源，《二十世纪年世界茶叶的沿革与演递》，P. 151–152，内容系引用美国威廉乌克斯《茶叶全书》（William H. Ukers, *All About Tea*），中国茶业研究社编译。）

台湾马偕医院营养师蔡一贤，于 1993 年 3 月发表在医院内部刊物《马偕院讯》上的一篇文章中提到，茶叶里面的重要成分有：

（1）咖啡因（生物碱）：含量与鲜叶嫩度成正比，80℃的热水即可释出咖啡因，具有温和兴奋中枢神经、提神醒脑、利尿去痰、刺激胃酸分泌等作用。

（2）茶单宁（儿茶素）：又称茶鞣酸，为茶多酚类中最重要的一种，具有收敛、抗发炎、抗菌灭菌、解毒、帮助消化、防炎止泻等功效。

（3）维生素 C：含量多少与茶叶发酵度成反比，也就是说，发酵越低，所含维生素 C 愈多，绿茶每 100 毫升含维生素 2–4 毫克，红茶则几乎没有。

（4）氟：茶叶中的氟，会与牙齿的珐琅质形成钙化，增加对酸的抵抗力，因此具有防蛀牙的作用。

2. 茶汤的保健效果

美国乔布拉健康中心的乔布拉医师（Dr. Deepak Chopra）和西门医生（Dr. David Simon）合编的《药草圣典》（林静华译，*The Chopra Center Herbal Handbook*，台湾远流出版，2001，P. 122–125）提到茶的成分：

“茶叶通常含有许多成分，像是类黄酮、多醣类及各种维他命。不过，多酚可能才是茶叶中最具疗效的植物化学因子。”

茶多酚，最早称作“茶单宁酸”，包含约有 70% 的儿茶素（黄烷醇类）及其他成分。

儿茶素是效果强大的抗氧化剂，具有增强免疫力，降低胆固醇、降低血液中的低密度脂蛋白、抑制血压上升、抑制血糖上升、抑制血小板凝结、抗菌、抗食物过敏、除臭等功用，所以能够防止心脏血管疾病。

《草药圣典》说，1 杯茶所含有的抗氧化作用，约等于 10 杯苹果汁或 3 杯橘子汁的作用。

意大利国家营养机构（National Institute of Nutrition of Italy）研究小组发现，绿茶的抗氧化效果，是红茶的 6 倍。人们喜欢在茶中加牛奶，号称奶茶，其实这样会降低茶的抗氧化效果。

实验室的研究显示，把绿茶的萃取液注入实验老鼠体内，可以增进老鼠体内的免疫细胞消灭坏细胞的能力。

或许这些实验具有激励人心的作用，证明喝茶对身体保健有好处，但是，如果要用来治疗肿瘤等重大疾病，则尚有待努力研究证实。

陕西紫阳县位于大巴山北麓，土壤富含稀有元素硒，所产富硒毛尖，据说具有抗氧化的效果。

红茶属于完全发酵茶，对肠胃刺激小。

陕西的泾渭茯茶，属于黑茶类，去油解腻，在丝绸之路上畅销600多年。

金骏眉是福建武夷山正山小种红茶茶树的芽尖制成的高档红茶。

3. 茶的种类与功效

台湾天下文化集团的《康健》杂志，于 2016 年 5 月刊出访问专家学者的专题报道《茶，你喝对了吗？》，讨论到茶的不同种类、含有不同的成分、对身体的不同作用，并讨论到一些与喝茶保健有关的问题。

《康健》杂志这项专题报道的访问记者杨心怡、林慧淳，访问了台湾的专家学者许伟庭（前南华大学茶产业研究发展中心主任）、陈右人（台湾大学园艺景观系教授、前农委会农业改良场场长）、杨美珠（茶叶改良场研究员）、中医师杨世敏、营养师赵强、茶叶改良场场长陈国任等人。

对于不同茶叶的作用，报道说：

（1）绿茶：以龙井、碧螺春不发酵茶为例，抗氧化力的来源是儿茶素。

刮胃指数：5（指对胃的刺激性，指数由 1–5 排列，5 为最高指数）

咖啡因：3

（2）白茶：以福建白毫银针，白牡丹微发酵茶为例，抗氧化力来源是儿茶素。

刮胃指数：5

咖啡因：3

（3）青茶（轻焙火乌龙茶）：属于部分发酵茶，以台湾文山包种茶、高山茶为例，抗氧化力来源为儿茶素、茶黄素、茶红素。

刮胃指数：4

咖啡因：2

（4）青茶（重焙火乌龙茶）：以冻顶乌龙茶、传统铁观音为例，属于重发酵、重焙火的部分发酵茶，抗氧化力来源为儿茶素、茶红素、茶黄素。

刮胃指数：3

咖啡因：1

（5）红茶：完全发酵茶，以台湾日月潭红茶、安徽祁门红茶为例，抗氧化力来源为儿茶素、茶红素、茶黄素。

刮胃指数：1

咖啡因：3

（6）黑茶：属于后发酵茶，以普洱茶、湖南黑茶为例，抗氧化力来源为儿茶素。

刮胃指数：2

咖啡因：3

从以上数据看来，发酵越轻，对胃的刺激性越大，咖啡因对中枢神经的兴奋作用的影响，以重发酵、重焙火的乌龙茶最低，其他都差不多。

4. 咖啡因

茶和咖啡都含有咖啡因，能使人精神振奋。

《药草圣典》也说，儿茶素是效果强大的抗氧化剂，是促进人体健康的最大功臣。茶的颜色愈深，具有抗氧化作用的成分就愈少。

《药草圣典》又说，茶也有抗菌作用，绿茶的抗菌效果比红茶好。

咖啡因具有提神醒脑的作用，但对体质敏感的人，也会造成紧张失眠的效果。

《药草圣典》说，1 杯绿茶的咖啡因含量，约有 8–36 毫克，1 杯乌龙茶咖啡因含量约为 12–55 毫克，1 杯红茶的咖啡因含量约为 25–110 毫克，而 1 杯咖啡的咖啡因含量约为 100–160 毫克，1 罐无糖可乐的咖啡因含量约为 46 毫克。

由此可见，咖啡因含量以绿茶最少，乌龙茶次之，红茶次之，最多的是咖啡。这也就是说，发酵程度越高，所含咖啡因也就越高。还有，冲泡时间也与咖啡因含量成正比，浸泡越久，茶叶释出的咖啡因就越多。

廖庆梁编著的《台湾茶圣经》，提到茶的化学成分与保健。他说，“一般认为，茶汤中儿茶素与咖啡因结合，可减缓咖啡因对人体的刺激性。而咖啡中未含有儿茶素，咖啡因的刺激作用是直接的。”

他指出，不同季节生产的茶青，其咖啡因的含量也有不同，依次是秋茶、夏茶、冬茶、春茶。

5. 喝茶会失眠？

一天喝多少茶会导致失眠？

《康健》杂志报道，如果摄取过量，例如突然喝进 250 毫克咖啡因时，会导致中枢神经系统过度兴奋，出现烦躁、失眠、心悸等不适症状。

250 毫克咖啡因是多少量？

如果以 1 杯咖啡含有 100–160 毫克咖啡因计算，250 毫克咖啡因约等于 1.5–2.5 杯咖啡。以红茶咖啡因含量 25–110 毫克计算，约等于 2.5–10 杯红茶。短时间内喝 2 杯咖啡或 10 杯红茶，才会造成失眠吧？

咖啡因吸收太多，也会产生心悸。

《药草圣经》提出一个案例，一位 61 岁的妇人，每天饮用 2–3 公升的乌龙茶，结果发现她的钾血浓度太低，导致心脏跳动速率异常。

1 杯茶约 300–500CC，1 公升约等于 1000CC，喝 3 公升茶，约等于喝 300CC 杯子的 10 杯茶，约需茶叶 10 克，每公克泡热水 50 克，冲泡 6–10 次。

咖啡因含量约占乌龙茶茶叶的 3.1%–3.7%（根据 1924 年法国化学家迪斯 J.J.B.Deuss 的分析，陈水源，P.152），10 克茶叶的咖啡因约为 0.3–0.37 克。100 毫克等于 0.1 克，所以 0.3 克等于 300 毫克。

如果以《药草圣经》分析计算，1 杯乌龙茶的咖啡因含量 12–55 毫克，250 毫克的咖啡因，约等于 4.5–25 杯乌龙茶。

根据《康健》杂志的调查报告，欧盟建议一天的咖啡因摄取量，不要超过 300 毫克，约等于 250 毫升马克杯 2–3 杯的咖啡，或 4.5–25 杯茶汤量。

所以，一天喝茶或咖啡，都不要超过 2–3 个马克杯，喝工夫茶的小杯子，也不要超过 1 公升吧。喝多了会失眠，甚至造成心跳加速，那就有害健康了。

6. 喝茶会使骨质流失？

外国曾有研究发现，喝太多的咖啡，会导致骨质流失，骨质疏松。但是，喝茶呢？

台南成大医院家庭医学科医生，对这项研究产生怀疑，因此在 1996 年进行一项追踪调查研究，想要了解喝茶会不会使骨质流失。

这项研究在家庭医学科吴至行医师的主持下，组成一个研究团队，针对 1037 位（男性 497 人、女性 540 人）30 岁以上的喝茶民众，展开 5 年的追踪调查，每 2 年检测 1 次。研究对象分成喝茶 1–5 年、6–10 年、10 年以上三个组。

研究结果发现：喝茶愈多，喝茶 10 年以上的民众，骨质密度愈好，喝茶可以减缓骨质疏松。至于喝哪一种茶，对延缓骨质疏松的程度没有显著的影响。但是，调查对象有 90% 以上是喝乌龙茶及绿茶。

这项研究发表在美国《内科医学档案杂志》，研究团队认为，茶汤中的大量茶多酚类、大量的抗氧化作用，可能是喝茶能使骨质密度维持良好状态，减少骨质流失的重要原因。（2002 年 5 月 14 日《中国时报》报道）

澳洲伯斯（Perth）西澳大学 2007 年发表在美国《临床营养》期刊的研究报告指出，喝茶确实有助于防止骨质流失。

这项为期 5 年的研究，由迪凡博士（Amanda Devine）的研究团队主持，针对 275 位年龄 70–85 岁的妇女进行研究，发现喝茶的人，骨质密度比不喝茶的人要好。

研究结果证实，不论是喝红茶还是绿茶，喝茶确实有助于保持骨质密度，减缓骨质流失，可能是茶汤中的黄酮类化合物（茶多酚的一种），具有类似雌激素的作用，可以对抗骨质流失。

西澳大学 2015 年发表在美国骨骼与矿物质研究学会年会的研究报告，也证实了喝茶有助于防止因骨质流失而引起的骨折。

这项研究由理查德普林斯博士领导的研究团队负责，针对 1000 多名 75 岁的女性研究喝茶与骨折的关系。

研究对象分成 3 组：每星期喝 1 杯红茶、每天喝 1–3 杯红茶、每天喝 3 杯以上红茶。

研究发现，每天至少喝 3 杯茶的人，比较不会出现严重骨质流失和骨折，骨质风险降低 34%，髋骨骨质风险也降低 42%。

这项长达 10 年的研究指出，228 人发生骨折，其中喝茶最多的人，骨折风险最低。这可能是因为茶汤中的黄酮类产生保护骨质的作用。

骨质密度良好的人，平日所摄取的黄酮类食物，75% 来自喝茶。喝茶较多的人，骨折风险最低。（台湾《新生报》报道，2015.10.15）

由这三项研究看来，每天喝茶 3 杯以上，对保持骨质密度、减少骨质流失，确实具有效果。

7. 喝茶会分解油腻？

《药草圣经》说，喝茶的其他好处，包括防止蛀牙、有助于减肥。

《康健》杂志专题报道也讨论到“哪一种茶的油切功能比较好”，答案是，只要不加牛奶，哪一种茶都有效。

“油切”就是解油腻，也就是现代人联想到的“减肥”。其实，茶的解油腻效果，是分解当时体内尚未累积起来的脂肪，而不是把已经形成的脂肪分解掉。

日本一个医生小组，曾经做了一项有关“茶能否降低体内脂肪”的研究（Ingestion of a tea rich in catechins leads to a reduction in body fat）。

这项研究以东京 38 位健康男性（24–46 岁）为研究对象，分成两组，一组每天喝 1 瓶含有 690 毫克儿茶素的乌龙茶，另一组每天喝 1 瓶含有 22 毫克儿茶素的乌龙茶。

两个星期后，分别测量体内的身体质量指数 BMI，发现每天喝含有 690 毫克儿茶素乌龙茶的那一组，在体重、身体质量指数、体脂含量、皮下脂肪面积等，均比另一组显著降低。

这项研究报告发表在 2005 年的《美国临床营养期刊》（*American Journal of Clinical Nutrition*）。

马偕医院营养师蔡一贤在发表于马偕院讯的文章说，饮茶会刺激体内脂肪分解酵素 lipase 的活性，促使脂肪分解成脂肪酸而进入血液，但需医师指导适当进行。

喝茶解油腻、帮助消化、减少脂肪堆积，应属适当，但如果要减肥，必须要在医师专家的指导之下，多运动、多吃蔬菜水果、控制饮食，才能达到目的。

8. 喝茶会贫血？

台湾媒体在 2015 年 5 月 5 日报道，有 1 位妇女以茶当水喝，结果发现贫血。

汐止国泰医院胃肠肝胆科医师杨瑞能建议，每天喝茶 300-500CC 即可，不要空腹喝茶，不要饭后立即大力喝茶，应休息 1-2 小时再喝茶，若有胃肠溃疡、食道逆流等消化道疾病的人，建议不要喝茶（或咖啡）。

台湾《联合报》在 2009 年 10 月 7 日已经报道过，茶单宁（鞣酸）会与铁质结合，降低吸收铁质的能力，因此，正在服用治疗缺铁性贫血的人，不宜喝茶。

台北医学大学保健营养系助理教授杨淑惠说，身体对铁质的吸收率本来就低，会影响铁质吸收的因素不只有茶，如果饭后喝进大量的水、汤，也会稀释胃液，影响蛋白质的吸收。喝少量的茶，影响不大。

她说，如有贫血问题，要找医生找出原因，喝茶不是导致贫血的直接原因。要补血，可以多吃红肉、猪血、肝脏、贝类、菠菜、红枣、葡萄或葡萄干等食物。

台湾《新生报》在 2016 年 5 月 23 日报道，新北市中医师公会理事长陈俊明说，要改善贫血，可以从饮食禁忌、药膳保健着手。例如不要吃生冷的食物或饮料，因为这些生冷食物，可能含有寄生虫，会导致贫血。

此外，要少吃油炸食物，因为油炸食物会妨碍消化吸收，摄取过量的脂肪，会影响造血功能，每日脂肪摄取量不宜多于 70 克。

他说，喝茶虽有助消化，但在服用补血药剂时，不能喝茶，因为茶鞣酸会影响铁质的吸收。

9. 喝茶会降低糖尿病风险？

茶汤的儿茶素，能够降低血糖、降低胆固醇，减少糖尿病和心血管疾病。针对欧洲八国民众喝茶习惯所做的一项研究，证实了这种说法。

英国《每日电讯》（*Daily Mail*）于 2012 年 6 月 5 日报道，由德国杜塞道夫海因里希海涅大学研究团队领导的研究发现，每天喝 4 杯茶的人，其罹患第 2 型糖尿病（与肥胖有关）的风险，比不喝茶的人低 20%。每天喝 1–3 杯茶的人，效果不明显。

英国民众平均每天喝 4 杯茶，西班牙民众几乎不喝茶。

这项研究主持人赫德尔博士（Christian Herder）说，喝茶能改变葡萄糖消化及吸收状况，并保护其细胞不受自由基破坏（抗氧化作用），从而降低罹患第 2 型糖尿病的风险，这主要是茶多酚的功效。

10. 隔夜茶不能喝？

老一辈喝茶，总是交代下一辈说，隔夜的茶不能喝！

多久算隔夜？晚上 12 时泡茶，喝到几点就不能喝？或者说，当天早上泡的茶，到第二天早上就不能喝了？

正常状况来说，晚上10时以后，应该要睡觉了，次日早晨6–7时，应该要起床了。前一天泡的茶，过了一个晚上，可能坏掉了，所以不能喝。

喝茶是为了享受茶汤中的色香味，一般都是现泡现喝，不让茶叶一直浸泡在热水里，以免浸泡出过多的茶单宁和咖啡因，造成苦涩味和刺激性。

放到隔天早上的茶，可能有蛋白质腐败，或茶中其他物质引起腐化，最好不要喝，以免伤害身体健康。

喝茶的原则是，现冲现喝，不要让茶水浸泡过 1 分钟，以减少茶单宁和咖啡因的释出，茶汤会更好喝。

11. 茶有药效吗?

现代科学研究报告已经证实，茶有解渴、降低胆固醇、降低血糖的功效以及降低罹患心血管疾病、糖尿病的风险。

但是，茶是饮料，不是药。茶有保健预防的作用，但尚无直接治病的效果。

平常喝茶，是为了品赏茶汤的色香味，在不过量的情况下，同时还对身体有益。如果一旦发觉身体有各种症状，应该立即去找医生追查病因，不宜自行喝茶治疗。

茶有养生保健的功效，但须经医生指导才能治病。

十 茶的心灵禅味

喝茶有助于悟出人生的道理，因此而得道？

唐僧皎然喝了剡溪茶（浙江嵊县）之后，写了一首点化崔刺史的饮茶歌（《饮茶歌诮崔石使君》），只要喝三碗茶，就能得道。

1. 何须苦心破烦恼

皎然说："一饮涤昏寐，清思朗爽满天地。再饮清我神，忽如飞雨洒轻尘。三饮便得道，何须苦心破烦恼？"

喝一杯茶，茶香通脑海，把头脑的昏沉睡意都驱散了，精神爽朗，思路清晰，可以遨游天地，思考事情或写起文章，都有如神助。

喝第二杯茶，精神更加振奋了，身体也清爽起来，好比龙飞九天，洒下飞雨，扫除漫漫尘雾，一片清明。

喝第三杯茶，心中已了然开悟，何必自寻烦恼呢？人生只要不烦恼，过的就是神仙的生活了。

唐僧皎然说，三饮便得道，何须苦心破烦恼？

山东济南大明湖超然楼，映在水中，赏景已忘我，何须苦心破烦恼？

北京雍和宫，曾是雍正住所，乾隆在此出生。乾隆即位后，改为藏传佛教寺院。乾隆爱喝茶，不知是否破解了许多烦恼。

2. 人生处世皆是道

喝茶真的可以修炼得道？得什么道？

老子说：“道可道，非常道。”可以说出来的道，就不是永恒的道。道是什么？

僧众想要悟出的是什么道？永生？长生？名利如水？健康最重要，留得青山在？

僧侣追寻的是了悟，看透世间的一切，有如镜花水月，都是虚幻无常的。能够看透的，只是自己了悟，心灵坦荡，却还要进一步度化世人，一起得道，进入无忧无虑的境界，这也就是诗僧皎然说的“何须苦心破烦恼？”

有道僧侣，在中国历史上曾经是社会的导师，上至王公贵族、士人官吏，下至贩夫走卒，经常与僧侣往来，受到心灵上的指点迷津，维持了社会的伦常运转。因此，寺院曾经是开放的学校，而僧侣乃是社会的导师。

僧侣要与大众接触，自己要保持清醒，信众也要清醒。所以喝茶是最好的沟通媒介，从喝茶谈起。所以卢仝的《七碗茶歌》说：“一碗喉吻润，两碗破孤闷，三碗搜枯肠，惟有文字五千卷，四碗发轻汗，平生不平事，尽向毛孔散，五碗肌骨清，六碗通仙灵，七碗吃不得……”皎然则说：“一饮涤昏寐，清思爽朗满天地。再饮清我神，忽如飞雨洒清尘。三饮便得道，何须苦心破烦恼？”

3. 僧院提倡喝禅茶

饮茶风气的兴盛，可能是僧院提倡的结果。宋代李石编写的《续博物志》说："南人好饮茶，孙皓以茶与韦曜代酒，谢安谒陆纳，设茶果而已。北人初不识此，唐开元中，泰山灵岩寺有降魔师，教学禅者以不寐法，令人多作茶饮，因以成俗。"

如果李石的说法正确，那么，在北方推广饮茶的是山东泰山灵岩寺僧人。

清代陈廷灿《续茶经》第八篇《茶之出》引用《舆志》说："蒙山一名东山，上有白云岩，产茶，亦称蒙顶。"原注说："王草堂云，乃石上之苔为之，非茶类也。"

《山东通志》说："兖州府费县蒙山石巅，有花如茶，土人取而制之，其味清香，迥异他茶，贡茶之异品也。"

灵岩寺位于山东济南市长清县，泰山西北，在唐代，湖北当阳玉泉寺、南京栖霞寺、浙江天台国清寺、泰山灵岩寺，合称天下四绝。

陆羽出生于开元二十一年（733 年），他在 780 年正式出版的《茶经》，没有提到山东产茶，或是泰山灵岩寺产茶、禅僧推广饮茶之事。唐宋年间，寺院种茶极为普遍，但山东地理位置较高，气候可以种茶，现有青岛崂山茶，蒙山也有茶，或许当时山东尚未普及种茶，却可以喝到南方运送过来的各种茶。

寺院既然推动僧人种茶劳动筋骨，也推行喝茶修行。僧人与信众往来，自然会以茶待客。当时茶是珍贵的饮料，虽然民间也有贩卖，但能到寺院喝茶，也是一种难得之事。饮茶也成为寺院吸引信众往来、巩固信仰的方法。

4. 赵州古佛吃茶去

喝茶能够产生什么禅机，让人悟道呢？

一般民众，到寺院喝的是普通茶，文人雅士和有地位的官商，可能喝到寺院自己制作的上等好茶。品茶有高低，识茶者，才能辨识茶汤的真味与茶趣。心神畅通，才能悟出喝茶的道理。

传说中的“茶禅一味”，来自宋代高僧赵州古佛。

赵州古佛法号从谂（778–897 年），因常驻赵州（河北赵县）观音院（现称柏林寺），人称赵州古佛。

从谂禅师习惯从日常生活中指点迷津。古书记载，曾有新来的和尚拜见从谂禅师，禅师问从哪里来，回答说是新来。禅师邀请“吃茶去”。又有和尚来拜见，禅师询问曾来过吗？回说来过。禅师也说“吃茶去”。后院院主听到了，觉得奇怪，没来过的请喝茶去，来过的也喝茶去，究竟是怎么回事？（《五灯会元》和《指月录》都有记载。）

禅师听到了，就把后院院主找来，也说“吃茶去”。

迎客请吃茶，是一种僧院的待客礼仪，当然不分新来或旧识，只要见了面，就请他吃茶去。院内同事有意见，当然也请他吃茶去，有话慢慢说。

吃茶是沟通的媒介，借着吃茶，双方可以论道，也可以无言。吃茶论道，自然可以指点迷津。无言吃茶，也是一种回应，佛法存在于日常生活中，说与

赵州古佛逢人便邀吃茶去，茶中有什么道理？

不说，都是一种方式，只要心中开悟，无言以对又何妨。

喝茶是唐宋以来僧院的习惯，饭后三碗茶，提神解油腻。赵州古佛的吃茶去，没有深奥的道理，只是日常生活的实践，能否悟出人生的正道，要靠自己。

5. 自古仙佛爱喝茶

寺院种茶，历史甚早，四川蒙山的蒙顶甘露茶，相传是在西汉末年，首先由甘露普慧禅师于上清峰种了七棵茶树，引导蒙山开始种茶。

东汉末年，道家葛玄，曾在天台赤城山种茶，至今还有仙翁茶园流传。

东晋时，敦煌人单道开，曾在后赵都城邺城（河北临漳）昭德寺修行，每天饮茶苏一两升。（《晋书》艺术传）

到了唐代，在寺院的倡导下，饮茶风气大开，浙江余杭径山寺开山祖师法钦，首先结庵种茶，产制天下闻名的径山茶。到了宋代，更发展出一套禅院茶宴规矩，经常在寺院举行茶宴论道。

茶宴，其实只是喝茶论道，但有固定的仪式。禅院中设有茶堂、茶寮，供人喝茶。专司送茶的僧人中，还有茶头、施茶僧，另有茶鼓，击鼓为号，传请喝茶。

茶头是茶会的主持人，施茶僧负责传送茶汤给施主。喝茶仪式严肃，气氛庄敬，喝过第一碗茶之后，大家可以欣赏茶碗、欣闻茶香，接着再倾注第二碗茶。喝过之后，开始论道，茶宴主持人会先说出一句或一小段话，僧人与宾客都可以发表看法。尽兴论证之后，再喝第三碗茶，想必众人心中的烦恼已经破解。

这种茶宴的仪式和茶种，后来被来华留学的日本僧人荣西、道元等禅师带回日本，逐渐形成日本的茶道。

喝茶是僧院的基本课程，宋代道原编撰的《景德传灯录》卷 16 记载当时僧院喝茶的情形：

“晨起洗手面，盥漱了吃茶，吃茶了东事西事。上堂吃饭了盥漱，盥漱了吃茶，吃茶了东事西事。”

僧院吃茶是日常生活的一部分，既然茶能提神醒脑，又能养生，僧人喝茶提神坐禅问道，自然没什么稀奇。只是能从吃茶中悟出禅机道理的，不知有几人？

或许，安心过日子，就是修得心灵平静的禅意吧。

6. 心安理得即是道

僧院提倡喝茶坐禅，是为了提神醒脑，有助于悟道。

凡俗之人，必须谋生过日子，或宦海浮沉，或商场逐利，或农耕渔猎，一旦天有不测风云，干旱水患、兵荒马乱，心中苦楚畏惧，如何能够安心过日？

僧院是古代安定人心、稳定社会的力量之一。遇到战乱或歉收之年，民众哪有余力来供养僧众，僧院必须自力更生，所以唐代的高僧马祖道一（709–788年）在江西提倡“农禅合一”，希望僧院通过耕作，能够自食其力，同时在体力劳动中，也更能了解俗众的生活，有助于助人得道，安心过活。

山东泰山灵岩寺僧人提倡学禅，鼓励喝茶。不知孔老夫子当年是否也喝茶。

僧院种茶，除了实现“农禅合一”之外，也能招来信众，对谈论道，更有助于安抚信众的心灵。

心安而后能定，定而后能虑，虑而后能得。心定体悟而后能修身，修身而后能齐家，齐家而后能治国，治国而后能安定天下，也是儒家的理想。

道家与佛家倾向自然无为，自悟悟人，重视的是个人的修行。只要人人修行，社会自然安定。

儒家与道家、佛家的思想，通过吃茶论道，可以互相启发，并行不悖。士大夫与勇武之人在饮茶文化的熏陶之下，从性情急躁变为心平气和，自然是社会大众的福气。

茶文化在中国流传数千年，甚至传播到世界各地，让饮者得其利，这是看起来平凡的茶，所做出的不平凡的不朽贡献。

十一 台湾好茶

台湾茶叶从清世祖顺治十八年（1661 年）郑成功驱逐荷兰人、收复台湾算起，历经 300 多年的发展，至今已有 10 种好茶，畅销海内外。

这 10 种台湾好茶是：南投鹿谷冻顶乌龙茶、台北文山包种茶、台北木栅铁观音、台北三峡龙井茶、新竹北埔和台北坪林东方美人茶、南投松柏长青茶、阿里山珠露茶、台湾高山茶、桃园龙潭龙泉茶、南投日月潭红茶。此外还有各地特有的地方茶。

1. 台湾喝茶 400 年

据周庆梁编著的《台湾茶圣经》说，明熹宗天启元年前后（1621 年），明朝内乱外患渐起，荷兰人开始侵略澎湖、台湾，福建广东沿海居民开始移居台湾，将喝茶的习惯带进台湾，是否也在台湾开始种茶，尚无资料可作证。

但是，1645 年，荷兰巴达维亚总督对荷兰的报告中有提到："在台湾发现有野生茶树。"

天启 4 年（1624 年），荷兰人侵占南台湾，在台南安平港口兴建"热兰遮城"。1624 年西班牙人侵入北台湾，在基隆兴建"山嘉鲁城"，后来又占领沪尾（淡水）、噶玛兰（宜兰）、竹堑（新竹），1640 年荷兰人赶走西班牙人，占领整个台湾。

1636 年起，荷兰人从厦门购买茶叶，先运到台湾，再转运南洋及世界各地，从事转口茶叶贸易。

如果荷兰驻巴达维亚总督的报告属实，那么，荷兰人曾经在据台期间做过田野调查，才会知道"在台湾发现有野生茶树"，可能数量不多，缺乏经济价值，或地属原住民居住，荷兰人不知如何制茶，无法运用台湾野生茶树。

1717 年的《诸罗县志》也确实记载"水沙连内山（日月潭附近），发现有野生茶树"。《淡水厅志》也记载猫罗（台中雾峰附近）内山产茶，性极寒，原住民不敢饮。

郑成功在 1661 年驱逐荷兰人，收复台湾，从福建广东带来大批移民，也带来闽粤的茶树栽培、茶叶制作，以及饮茶、卖茶等茶文化。

郑氏三代据台22年，至康熙22年（1683年）清兵攻占台湾为止。1670年前后，由台湾寄往印度尼西亚爪哇班坦（Bantam）的信件中提到，台湾郑经委托戴可斯（Henry Dacres）转交公司的礼物中，有4担上等茶叶。

这个信息有两种可能，一种是台湾已经种茶，而且产量甚丰，所以郑经可以用4担茶做礼物。其次，也可能是郑经从事茶叶贸易，自福建进口茶叶来转卖。可是当时金门厦门已经归属清朝，台湾自己种茶，比从福建买茶来得容易。所以推断在郑成功来台后，也把福建的茶文化带进了台湾。

坪林风景秀丽，自古产茶，以东方美人茶、包种茶最有名。

2. 台湾茶的特色

经过300多年的发展，台湾茶因产地、制作方法而有不同的特色。陈水源《二十世纪前世界茶叶的沿革与演递》，将台湾茶叶分为半发酵茶、四分之三发酵茶、不发酵茶与全发酵茶。

半发酵茶，发酵度在15%–50%，包括文山包种茶、明德清茶、龙泉包种茶、松柏长青茶、冻顶乌龙茶、青山高山茶、铁观音包种茶。

四分之三发酵茶，又称“东方美人茶”，发酵度约70%，包括台湾乌龙茶、白毫乌龙茶、东方美人茶、香槟乌龙茶、膨风茶。

不发酵茶，即是绿茶，包括三峡龙井茶、三峡碧螺春。

全发酵茶，即是红茶，发酵度100%，产于嘉义的阿里山、花莲瑞穗和南投日月潭等地。

半发酵茶的特色是茶叶呈现深绿色，茶汤金黄色，香气飘逸清香，有花果香味。茶汤浓郁度，则与发酵程度成正比，冻顶乌龙茶和铁观音的浓郁度最高。

四分之三发酵茶，以东方美人茶为代表，产于新北市的坪林、石碇，新竹的峨眉乡、北埔，苗栗的公馆、头份等地。茶叶因发酵度高，而有红黄色，因白毫多，而有白色，俗称白毫乌龙。茶汤琥珀色，具有果香。

不发酵茶，是绿茶的做法，不经过发酵，均为新北市三峡地区的特产。芽叶采摘后，直接炒茶制成，茶叶碧绿卷曲似田螺，所以称为三峡碧螺春；另一种压制似雀舌，形似龙井，故称三峡龙井茶。

全发酵茶即红茶，茶叶呈现条状，茶汤橘红色，具有麦芽香，产于南投鱼池、日月潭、嘉义阿里山竹崎、花莲瑞穗的鹤冈等地。

台湾茶在各地方发展出来的不同特色，让台湾茶能够适合不同口味的要求，在市场上也具有竞争力，300 年来能够营销海内外各地，绝非偶然。

3. 冻顶乌龙茶

南投鹿谷地区的冻顶乌龙茶，已有100多年的历史，在台湾算是最早种茶的地区之一。在制作冻顶乌龙茶之前，南投内山也有野生茶树，至今还有用野生茶树制作的“莳茶”，但产量不多。

台湾也有野生茶

台湾鹿谷冻顶山的乌龙茶，生长在云雾缥缈的山中。

康熙三十六年(1697年)《诸罗县志》(嘉义)记载，“水沙连内山茶甚伙，味别、色绿如松萝。山谷深峻，性属冷，能却暑消胀。”但是，道路艰险，汉人害怕原住民，不敢入山采摘，又不了解制茶法，若能邀请懂得制作武夷岩茶的人前往，聘用原住民采摘，拿回来制茶，必然是好茶。

康熙六十二年(1723年)，巡台御史黄叔　来台巡视后，写出《台海使槎录》，其中第1–4卷称为《赤　笔谈》，内容提到水沙连内山的原生茶，每年通事(政府官员)与原住民协议，让制茶人入山焙制。

此事距离《诸罗县志》记载仅 26 年，当地官员已经获得原住民同意定期入山制茶，当地人现在将野生茶树采制的茶，称为“莳茶”。

先民带来乌龙茶

嘉庆元年（1796 年），民间已经从福建带来乌龙茶的种子，在台湾播种，开始产制乌龙茶。这种运用种子播种长成的茶树，当时人称为“莳茶”。“莳”，是移植栽种的意思，南投水沙连的野生茶树是否也属于外来移植的，尚无资料可证实。用种子栽培的茶树，会产生变种。扦插法移植的茶树，质量稳定，现在多采用扦插法。

根据鹿谷农会秘书林献堂主撰的《鹿谷乡志》第五篇《茶叶志》说，福建武夷山的乌龙茶树，在咸丰 5 年（1855 年）由鹿谷举人林凤池移植到鹿谷，这是鹿谷冻顶乌龙茶最早的记录。

鹿谷冻顶山上的茶园。

当时，林凤池前往大陆参加科举考试，考中举人。为了感谢乡民资助盘缠，他从武夷山带回 36 棵青心乌龙压条的茶苗，分送小半天和大坪顶的乡民。其中 12 株，由林三显种在冻顶山。出生在冻顶山的苏家祖先苏艮坤，也是冻顶山乌龙茶的开拓者。

但是，也有人认为从福建武夷山带回压条的茶苗，路途遥远，不

鹿谷国小校长林建言，与彬彬社老友汪鉴雄喝茶，畅谈冻顶乌龙茶。鹿谷自古文风鼎盛，具有 150 多年历史的彬彬社传承了优良的中华文化。

易成活，比较可能是带回茶子，另外又从台湾北部移植乌龙茶苗来种。鹿谷种植乌龙茶甚多，年代久远，这些都有可能。无论如何，鹿谷在 19 世纪中叶已经种植乌龙茶，则是事实。

冻顶乌龙有特色

软枝乌龙，又称青心乌龙、小种仔、正丛，是鹿谷乌龙茶所使用的品种，和台湾北部的乌龙茶同一个品种，有绿茶的清爽味，也有红茶的醇厚味，这是乌龙茶的特色。

制造冻顶乌龙茶，需经过日光萎凋、室内萎凋、静置发酵、炒青、揉捻、干燥等六道程序。

日光萎凋即是晒太阳，茶叶采收后，用竹筛或帆布放在地上晒太阳，晒到芽叶柔软、无青草味，即可收到室内萎凋。

室内萎凋都放在竹筛架上，每 1–2 小时要搅拌 1 次（又称浪青），浪青 4–5 次之后，芽叶逐渐缩水，再由 2–3 人一起浪青，直到茶叶边缘呈现枣红色，称为绿叶红镶边，即可炒青。

早年炒青纯用手工，双手在锅中翻炒茶叶，后来改用木制的铲子炒茶，现在已经改用炒茶机。炒茶以茶香透出、茶叶卷条为适度。

揉捻是为了破坏叶细胞，产生茶汁，增加茶叶的香醇味，所以揉捻有轻有重。早年使用双脚来踩揉，也有用双手来揉，现在已经使用揉捻机。但是，质量的控制，还需要看天气、经验和技术。

干燥即是烘干，早年用炭火大灶烘焙，炭火需要覆盖炭灰，以文火慢烘，茶香才会浓郁，现在则使用烘焙机器干燥茶叶，但也有人坚持使用炭火古法烘焙，使茶香之外，还有炭火的香气。

南投生产的乌龙茶与高山茶。

冻顶乌龙茶可以说是冻顶山和鹿谷地区茶农百年一起打拼出来的好茶，在口耳相传下，名闻遐迩。想要品尝冻顶乌龙茶的真味，不妨到鹿谷和冻顶山一带的茶农或茶行去拜访，他们会热忱地泡茶请您喝几杯。

4. 文山包种茶

文山包种茶，发酵度15%–30%，产于新北市石碇、坪林、新店及台北市的南港、文山（木栅）等大文山地区。

包种茶，味道清雅，香气浓郁、甘醇，又称清茶。

根据史料记载，清嘉庆10年（1805年），移民自福建武夷山带来乌龙茶苗，种在台湾北部三角涌（新北市三峡地区）等地，1810年新北市的深坑、平溪，也开始种茶。

光绪年间（1875–1908年），台湾各地已经普遍种茶，据1901年的调查，种茶面积27,000公顷，年产初制茶12,000吨，外销海内外，其中文山包种茶、冻顶乌龙茶、东方美人茶（白毫乌龙），都是外销的主要茶叶。

根据日人井上房邦的调查，包种茶起源于福建泉州茶商王义程，将乌龙茶（清茶亦为乌龙茶的一种）用毛边纸包装成四方形盒状，上面盖印商号名称，属于纸包种仔茶，通称“包种茶”。后来台湾茶商也仿照此一形式包装文山所产的清茶，乃称“包种茶”。

光绪年间，台湾的王水锦和他的徒弟魏静时，将传统的乌龙茶制造法加以改良，发明清香茶制造法，成为南港包种茶的始祖。

包种茶采摘一心两叶，经过日光萎凋、室内萎凋、浪青、炒青、揉捻、干燥、文火慢焙等多道工序，属于闽台乌龙茶的做法，但发酵较轻，外形条索紧结，色泽翠绿，茶汤鲜艳金黄，香气清新，味道甘醇，深受海内外茶客的喜爱。

5. 东方美人茶

东方美人茶味道香醇，属于高度发酵的乌龙茶，获得海内外爱茶人士的赞赏。

东方美人茶又称白毫乌龙、膨风茶、番路乌龙等。

白毫乌龙原来是由福建引进的乌龙茶种，种在新北市的坪林、石碇及新竹的北埔、峨眉乡，苗栗的头份、头屋、三湾乡等地。由于茶叶中的茶芽在制作后成为银白色，有如白毫，因此称为白毫乌龙。

据廖庆梁《台湾茶圣经》说，1865 年英国商人约翰·杜德（John Dodd）来台，带回台湾的白毫乌龙，献给当时的维多利亚女王，英国女王品饮后，极为赞赏，赐名为“东方美人茶”。

另有一说是，1960 年前后，白毫乌龙参加英国食品展，获得银牌奖，并获英国女王伊丽莎白二世赐名为“东方美人茶”。

膨风茶的名称来源，也有说法。据说，有位茶农的茶园遭遇虫害，制成的茶叶卖到茶行后，因有特殊的花果香，深受欢迎，大家都不相信有此事，说他“膨风”（吹牛）。其实，白毫乌龙茶叶蓬松，包装起来像膨风（鼓涨）。

白毫乌龙属于高度发酵茶，发酵度可达 75%–80%，水果或蜂蜜香气来源，据说是因为小绿叶蝉咬食茶芽、茶叶，其唾液与茶叶结合，再经重度发酵遂产生特有的香气，茶汤颜色金黄偏红，甘醇隽永，自然深受爱茶人的欢迎。

目前东方美人茶的美名，已经取代白毫乌龙的原名，畅销海内外。

6. 木栅铁观音

木栅铁观音，在台湾是有特色的半发酵乌龙茶，其来源也颇神奇。

木栅铁观音茶种与制茶技术，均来自福建安溪，与安溪铁观音是同一茶种，制作方法则有所改进。

铁观音茶的名称来源，有两种说法。其一，乾隆元年（1736 年），福建安溪王士让在南山观音岩下，发现一棵特异的茶树，带回种植后，制作出的茶叶，其色如铁，茶汤金黄浓郁甘醇，与一般的乌龙茶不一样。茶叶曾上贡给乾隆皇帝，获得乾隆皇帝的赞赏，安溪铁观音茶因此成名。

另一种说法是：安溪茶农魏荫，在乾隆年间发现一棵特殊的茶种，经培植试制后，觉得茶色深沉似铁。魏荫笃信佛教，认为茶树乃观世音所赏赐，乃将新茶命名为“铁观音”。

木栅铁观音属于乌龙茶系列，来自福建安溪，是台湾独特的茶品。

木栅铁观音的来源，也有两种说法。其一，光绪二十一年（1895 年），张氏先祖从安溪带来铁观音茶苗，种在木栅猫空樟湖一带，并将制茶技术传给木栅的张乃妙。后来张氏返回安溪，张乃妙继承制作铁观音，成为木栅铁观音的始祖。目前木栅猫空地区多为张氏的后代子孙。

另一种说法是，木栅茶叶公司委请张乃妙、张乃干两位茶师，从安溪带来铁观音茶苗，种于木栅国小后山及木栅观光茶园樟湖地区，张乃妙成为木栅铁观音的始祖。

木栅铁观音属于半发酵茶，发酵度 15%–50% 不等，依各家茶农的独特做法而定。采摘时间在上午 8 时至下午 5 时之间，需经室内萎凋、浪青 8–12 小时，再加以炒青，然后用布巾包裹揉捻，复炒之后揉捻多次，以文火烘干，再揉捻多次，然后初焙、捡枝、复焙，才算完成制作。

木栅铁观音外形粒粒如豆，茶色油亮，投入杯中，叮当有声。冲泡之后，茶香扑鼻，茶汤金黄偏红，茶味浓郁隽永，让人回味无穷。

冲泡木栅铁观音，茶量宜少不宜多，倒茶宜快不宜慢，以紫砂壶冲泡更佳。第一道茶以沸水冲泡，第二至五道茶，以 80℃ –90℃水冲泡即可。

木栅铁观音是男人的茶，初喝会觉得有些苦涩，接着会感到回甘。茶汤微温后，更能感受到茶香，是一种具有特殊风味的好茶。

7. 台湾高山茶

台湾高山茶是 1970 年代以后新兴的好茶，凡是种在 1000 米以上山区的茶，都称为高山茶。

最早在高山种茶的是中部横贯公路梨山地区的果农陈金地。他在种植水果之余，又在 1970 年代从南投冻顶地区引进茶苗，种在 2500 米的山区，并且制作成茶，受到市场热烈反应后，带动台湾地山区种植高山茶。

阿里山高山茶，如今已是深受欢迎的高山茶品。

由于山区终年云雾缭绕，气温偏低，茶树生长缓慢，具有苦涩味的儿茶素比较少，使得高山茶茶叶柔软，叶片较厚，果胶含量较高，色泽翠绿，茶味甘醇、有着淡淡的香气，且耐冲泡，深受爱茶人的欢迎。因此，高山茶异军突起，各地高山都开始种茶，制成茶叶后，虽然有各种品牌，但均属高山茶。

梨山地区的高山茶，产地包括梨山福寿山农场、大禹岭、翠峰等地，所产梨山茶，甚为有名。

嘉义阿里山地区也生产阿里山高山茶，南投杉林溪也有杉林溪茶，甚至台湾最高的玉山，也有茶农在海拔 1800 米的山区种茶，生产“玉山茶”，都深受茶客的欢迎。

南投还有仁爱乡、信义乡等偏远山区种茶，因此，雾社有天雾茶，庐山有天庐茶，清境农场有宿雾茶，雪山乌龙、碧绿溪茶、东眼山茶，都是著名的高山茶。日月潭附近的鱼池地区，除了生产玉山茶、胜峰茶外，还有日月潭红茶。

位于新竹、苗栗地区的雪霸公园（雪山和大霸山合成的公园），也生产雪霸茶，这些高山茶都属于乌龙茶，只是发酵程度不一，因此各具特色，质量极佳。

8. 三峡龙井茶、碧螺春

三峡绿茶，以及三峡龙井、三峡碧螺春，是台湾三峡特有的茗茶。

三峡位于新北市，旧名三角涌，史料记载，嘉庆十年（1805 年）福建移民自武夷山带来乌龙茶苗，种在三角涌地区（三峡）。因此，三峡地区种茶具有 200 多年的历史。

同治四年（1865 年）英国茶商约翰·杜德来台考察，认为台湾北部适合种茶。1868 年再度来台，在三峡地区推广种茶，从福建引进茶苗和制茶技术，甚至贷款给茶农种茶，然后收购茶叶，外销各地。

当时三峡地区已能制造包种茶、绿茶（龙井茶、碧螺春）和红茶。日据时代积极向海外推销红茶，因此，三峡茶农一度转做红茶。

1945 年台湾光复，三峡地区恢复制作绿茶与包种茶。由于市场一度流行绿茶，三峡成为台湾唯一制作龙井茶和碧螺春茶的地区。

三峡龙井茶与西湖龙井茶一样，属于不发酵的绿茶，采摘一心两叶后，不做日光萎凋，而是放在室内萎凋，然后浪青、炒青、揉捻，在适度烘干之后，经过压辗成片状，使外形与西湖龙井茶一样，茶叶翠绿，茶汤清新甘醇。

三峡碧螺春的制法，与江苏洞庭湖碧螺春茶一样，也是不发酵的绿茶，采摘后进行室内萎凋，然后浪青、杀青、炒青，再将外形揉捻制作成，类似田螺，茶汤韵味甚佳，成为台湾唯一可以品尝到洞庭碧螺春茶的地区，深受绿茶爱好者的欢迎。

9. 南投松柏长青茶

松柏长青茶属于乌龙茶系列，是南投名间乡的特产，生产于松柏岭等地，1975 年经国先生经常下乡了解民情，在名间品尝了当地出产的埔中茶，觉得味道甚佳，因此将它命名为“松柏长青茶”。

松柏岭位于八卦山脉的尾端，海拔 200-400 米，红色土壤，适合种茶，在农林单位的积极推动下，名间乡茶农最早采用机械采茶、制茶，产量最多，质量稳定，受到爱茶人的欢迎。

松柏长青茶，是南投松柏坑的好茶。

10. 日月潭红茶

日月潭阿萨姆红茶，浓郁香醇，是优秀的台湾好茶。

日月潭种植红茶，早在 1697 年郁永河来台旅游时，即已发现水沙涟地区有野生茶树，汉人用来制茶，口味浓郁。此即日月潭红茶的始祖。

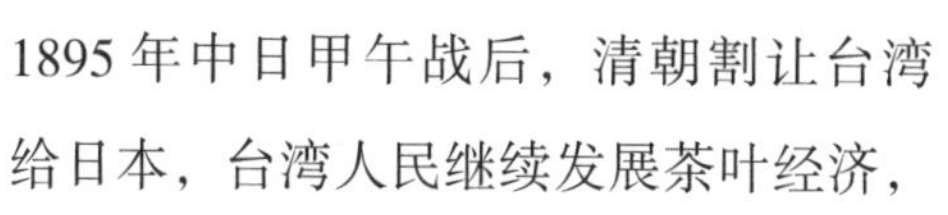

1895 年中日甲午战后，清朝割让台湾给日本，台湾人民继续发展茶叶经济，1925 年从印度引进阿萨姆大叶种红茶，在日月潭地区试种成功，1928 年日月潭红茶在伦敦拍卖会获得重视，打开了台湾红茶的国际市场。

目前日月潭红茶有 3 种主要产品，台湾山茶是采摘祖传的百年老树丛茶叶制成的，具有淡淡的薄荷香气，味道浓郁醇厚，适合用传统的壶泡法饮用。

日月潭阿萨姆红茶是由改良的台茶 8 号茶树生产制做的，香气浓郁，茶汤艳红，适合用来泡制奶茶，也适合单饮。

日月潭红玉，是以改良的台茶 18 号制成，味道具有肉桂清香，茶汤鲜明，是最新的红茶品种。

11. 龙潭龙泉茶

桃园龙潭乡的种茶历史，可以追溯到嘉庆年间，至今已有 200 多年的历史。

龙潭乡位于海拔 200–400 米的台地，具有适合种茶的红土，雨水充足，因此，当年曾经有年产量 25,000 吨的纪录，约占台湾产茶量的十分之一。

龙泉茶属于轻度发酵的包种茶系列，清香味醇，1982 年曾获得全台机械制作包种茶比赛的冠军，因此，声名大噪，获得市场的喜爱。

12. 阿里山珠露茶

阿里山珠露茶属于高山茶的一种，1980 年代引进软枝乌龙种植在阿里山公路旁的石　地区，获得成功，成为新兴的阿里山高山茶之一。

珠露茶为半球形的珠茶形状，颜色碧绿，茶汤蜜绿清香，深具高山茶的特色。1987 年谢东闵先生将它命名为“珠露茶”，从此名扬四海。

13. 恒春港口茶

生产在台湾最南端的恒春地区的港口茶，是深具特色的地方特产。

据说，在道光年间，福建移民朱振准来到恒春地区居住，将他从武夷山带来的茶苗种植在自家庭园，自己做茶，自己品饮，也招待亲朋好友一起饮茶。

光绪元年（1875 年）恒春设县，首任县长周有基爱茶，找到朱振准种植的茶园，品尝结果，认为可比福建的好茶，因此，拨地给朱振准种茶。因为产地近港口，通称港口茶，但产量不多，也不在意市场。

到了朱家第五代，开始注意到市场的经营，目前已是恒春地区最具特色的产业。

台湾各地尚有一些地方茗茶，但因产量不多，也只能算是地方好茶。

十二 茶的传播与文化创意

1. 茶的发现与运用

中国最早发现茶叶的功效的，应属公元前 2737 年的炎帝神农氏，距今将近 5000 年。神农大帝尝百草，了解药性与作用，传授人民农业知识，中国人因此进入农耕时代与草药治病的年代。

陆羽《茶经》第六篇《茶之饮》说：“茶之为饮，发乎神农氏，闻于鲁周公。”神农氏不仅尝到茶叶的味道与功效，还用来当茶饮，后更因周公编写《尔雅》，提到茶的意义，使得茶的饮用价值更加发扬光大。

鲁周公怎么知道有茶？不论他是住在陕西或山东，是否曾经看见茶？

原来周武王在公元前 1111 年即位之后 11 年，率领各方诸侯伐纣（伐纣时间尚有争论），巴蜀军队也参加讨伐联军，并贡献了茶、蜜等特产。此事记载于晋朝常璩《华阳国志·巴志》中（约成书于公元 350 年）。

这项记载，可能是根据地方史料传说而来的。如果数据属实，它可以说明在公元前 1111 年之前（距今 3000 多年前），四川已经出产茶叶，并且进贡给周武王，所以周公旦看过茶叶，在《尔雅》中称它为“ ，苦荼”。郭璞批注说，树小，叶可煮做羹饮，蜀人名为苦荼。

荼，是一种苦菜，也用来称茶。原来茶在古代，除了作为汤药，还可以做饮料、羹汤，显示茶的运用，已经有许多创意。

晋朝郭璞所说的“叶可煮做羹饮”，推测其涵义，应为煮成茶汤来喝，既然是羹，应该还加了什么东西，才会黏稠。可能是加米饭，煮成羹汤，类似“茶泡饭”吧。

三国曹魏的张揖作《广雅》，提到荆巴间采叶做饼（茶饼），叶老者，饼成以米膏出之。欲煮茗饮时，先将茶饼捣碎，放在瓷器中，以汤浇灌，“用葱、姜、橘子　之”，其饮醒酒，令人不眠。附着在茶饼表面的米膏，如果没有刮除，煮起茶汤来，必然成为黏稠的羹汤。

原来荆州巴蜀的人，也用姜茶来醒酒，这又是一种文化创意吧。

秦代攻下巴蜀之后，巴蜀的茶叶遂成为秦代的贡品。

2. 南方是茶乡

海内外都承认，神农氏是最早发现茶叶的人。但是，他是在哪里发现茶的呢?

神农大帝的出生地，有许多推测，包括宝鸡、华阳、厉山等地。

宝鸡属于陕西凤翔府，也就是秦代的陈仓，传说神农在姜水长大，姜水在陕西岐山县。也有一些史料提到，神农出生在华阳，长于姜水。华阳最可能的地点在梁州，包括陕西的汉中、四川大部分和云南贵州。

如果神农大帝出生在汉中或四川，那么，他可能品尝过巴蜀的茶。

但是，湖北随州的何光中，发表一篇文章《炎帝神农氏源于随州考》，举证历历，说明神农大帝在湖北随州的厉山镇出生，主要根据是，古史提到神农氏又称烈山氏（厉山）等，周王封炎帝之后于随，春秋时代的随国，即是神农氏的后代子孙。

厉山附近有神农架，山上有神农洞，据说是神农大帝出生的地方。

何光中还提到厉山附近的三里岗考古，找到很多古代的稻壳，年代约在公元前 2695- 公元前 2890 年之间，也就是传说中的神农大帝在位年代。

据说神农大帝最初建都于陈（河南淮阳），后来迁都山东曲阜，葬于长沙。

由此看来，神农大帝活跃于黄河流域与长江流域之间，也可能到过汉中或巴蜀，但无法确定在哪里发现茶叶的功效。可以推测，汉中、巴蜀、湖北、湖南、河南，以及长江下游、黄河下游的广大地区，在 4000 多年前都有生长茶树的可能。

根据浙江余姚田螺山2001年考古发现，田螺山遗址距今5500–7000年，遗址上发现距今约4000年的古茶树树根和壶形陶器，《宁波日报》因此推测浙江在4000多年前已经种植茶树，并且将茶作为饮料了。（《宁波日报》2009年1月12日报道）

由以上数据看来，4000多年前，茶树已经出现在巴蜀、黄河和长江中下游等广大的地区了，可以推断中国的茶文化也有4000多年的历史，后来逐渐传播到各地，至唐宋而成为一种大众饮茶文化，并传播到世界各地。

天山南北两路，自古即是中西文化交流孔道，中国丝绸与茶，经由骆驼商人传到西方。

在那遥远的喀纳斯湖畔旅馆，也能发现茶叶的踪迹。

3. 西域丝路的茶文化

汉武帝在位期间（公元前 140– 公元前 87 年），两次派遣大将军卫青打败匈奴，打通西域，也两次派遣张骞出使西域，建立与西域各地的友好关系，因此，除了西域的和中原的物产与文化得以交流外，西方各国更通过丝路与中国有了文化交流。

在新疆喀拉玛依的旅馆，发现有茶馆，实在令人惊讶茶的魅力。

中国的丝绸等特产，成为西方各地极为期待的高经济价值产品。后来中国的茶叶，更进一步成为边疆民族与欧洲贵族不可或缺的日常必需品。

根据报道，陕西考古研究院人员在汉景帝（公元前 156– 公元前 144 年）的汉阳陵考古，发现最古老的茶饼，几乎全部是茶芽制成的，经金氏纪录认证为 2100 多年前的世界最古老的茶叶。

克拉玛依的旅馆，供应来自云南的红茶与花茶。

这项发现，证明汉景帝时代之前，已经有茶饼存在，而且是作为饮料使用。西汉建都长安（也就是秦朝的国都咸阳附近），茶饼可能来自巴蜀（四川、湖北、云贵地区）。

阿尔泰山雄镇西北，自古是西域的重要屏障。

顾炎武《日知录》考证荼与茶的分别（卷十），认为“自秦人取蜀而后始有茗饮之事”，也就是说，公元前316年秦惠文王攻下蜀地，秦人就开始喝茶了。

其实，蜀地产茶，已经在3100多年前周武王伐纣时，巴蜀就献茶给周武王了。那么，巴蜀的人饮茶，应早于3100年前了。

位于中国新疆北部的白哈巴村，与哈萨克交界，是通往俄罗斯等地的要道。

土耳其人到蒙古买茶

长安是丝路的起点，经过河西走廊的武威、张掖、酒泉、敦煌，进入西域新疆，然后沿着天山南北路，进入中亚地区，前往欧洲。

根据陈水源引用美国威廉乌克斯《茶叶全书》指出，公元475年（刘宋废帝元徽三年，约当北魏孝文帝年间），土耳其人至蒙古边境，以其特产交换茶叶，生意兴隆。

奶茶加盐，是西域各地不可缺少的饮料。

刘宋是东晋之后的南朝开创者。在中国南北朝时，南朝由宋、齐、梁、陈禅递，北方属于外族天下，历经北魏（后分东西魏）、北齐、北周的统治，最后南北朝均由隋朝统一。

如此看来，饮茶在南北朝时，已经相当流行，甚至北方的蒙古，也能与土耳其做茶叶贸易。天下局势虽乱，饮茶的文化却悄悄地扩大。

北方外族多以牛羊肉为主食，缺少蔬菜，因此，

新疆西部特克斯八卦城的旅馆大堂，摆着茶桌与好茶，让人不由得想要坐下来喝杯好茶。

在日常所喝的牛羊奶或马奶中加入茶叶，成为奶茶或酥油茶，增加身体所需的维生素，更是一种不可或缺的生活必需品。茶叶因此在边疆地区（包括新疆、蒙古、西藏）流行，甚至影响到中亚各民族与欧洲各国。

回纥驱马市茶

边疆民族以马换茶在唐德宗贞元年间（785–804 年）确有其事，《新唐书》卷 121《陆羽传》记载，“其后尚茶成风，回纥入朝，始驱马市茶”。

回纥由九姓乌古斯和十姓回纥组成，是维吾尔族的先祖，在唐朝初立国，与唐朝维持良好关系，三次娶得唐朝的公主。唐德宗贞元四年（788 年）要求将回纥改称回鹘。推估回纥入朝朝贡，并以马换茶，是在唐朝开放茶马互市之际（785–804 年）。

丝路在蒙古人统一中亚与中国之后，更是一条文化交流与贸易的重要路线，北方可达俄罗斯，西方可达土耳其、意大利，南方可到印度南亚，贸易商人成为东西文化与经济交流的媒介，茶与丝绸也因此由中国传播到西方。

唐宣宗大中四年（850 年），优西比斯・雷纳多（Eusebius Renaudot）撰写的《两位回教徒旅行中国印度记》，首次将中国人用沸水泡茶做饮料防百病之事，介绍给西方人，这是外人最早介绍中国茶叶的书。此后，陆续有意大利人、葡萄牙人写书介绍中国的茶叶，引起欧洲各国的重视，中国茶文化经由中亚丝路与海上丝路传播到西方，也就愈来愈多了。

4. 茶马古道

茶马古道是中国西南地区自古以来由民间商贩往来陕南、四川、云南、青海、西藏与印度等地的一个广大交通网，以茶叶、盐巴、丝绸、陶瓷器和日常用品，交换西藏地区的马匹、羊毛、皮革、药材、金银等特产。

由于这是生活物资的贩卖与交换，起源于唐代饮茶风气盛行以前，甚至可能在周武王伐纣以前，巴蜀的茶叶就已经传播到西藏地区了。

唐德宗时在北方的蒙古回纥已经有“驱马市茶”的情况，西南方必定也有“茶马互市”，在官方进行茶马交易之前，民间必定早已进行很久了，甚至可以推前到西汉打通西域和征服云贵地区以前。据说西南云贵产茶地区，奉诸葛亮为茶祖。

诸葛亮在蜀汉后主建兴三年（225 年）南征，以安定蜀汉的后方，蜀汉也因此拥有益州（四川）和云贵地区，推测诸葛亮曾经对推广云南的茶叶有贡献，所以云南才会尊奉诸葛亮为茶祖。每年农历七月二十三日诸葛亮生日那天，优乐茶山地区都举行庆祝盛会，称为“茶祖会”，以纪念诸葛亮。

茶马古道是一个复杂的交通网，都在山区小路进行，有三条主要的路线：陕藏道、川藏道、滇藏道。

陕藏道起于陕西南部，唐代年间，由长安出发，经康定、昌都，前往西藏。

川藏道起始于四川雅安产茶区，经过康定，然后分为南北两线。北线经过道孚、炉霍、甘孜、德格、江达、昌都，进入西藏。南线从康定向南行，经过雅江、

诸葛亮被尊为云南的茶祖。湖北赤壁出产的“洞庄青砖茶”，也以诸葛亮和赤壁大战为号召。

碧塘、巴塘、芒康、左贡，到达昌都，然后进入西藏。

滇藏道起自云南西部洱海茶区，经过丽江、中甸、德钦、芒康、察雅，到达昌都，然后进入西藏。

茶马古道通行千余年，对日抗战之后，川滇藏等公路网兴起，运输更方便，民间马帮主持的茶马古道贸易，也因此衰退了。

5. 奶茶与酥油茶

大陆的新疆、内蒙古地区流行喝奶茶，西藏地区盛行喝酥油茶，都是茶文化与生活结合的创意。

新疆、内蒙古地区草原辽阔，一望无际，草原民族逐水草而居，虽然不缺牛肉、

新疆与西藏地区成群的牛羊，为边疆民族提供最好的奶茶来源。

羊肉和奶类产品，但缺乏蔬菜水果等营养素，需要靠茶叶中的维生素等营养来补充。

西藏高原的藏民和附近地区的少数民族，习惯用从牛奶中熬制的酥油（类似起司或牛油），加入煮开的砖茶，再加盐，形成营养丰富的酥油茶，作为日常饮料，不仅三餐可饮，随时都可当茶饮用。

新疆蒙古地区的奶茶，至今仍然是生活中不可缺少的饮料。茶砖（普洱茶或红茶）煮成一大壶或一大桶，加入牛奶和盐，可以搭配烤饼或烙饼来吃，也可以当作热饮来御寒，在放牧的过程中，更是最好的饮料。

奶茶和酥油茶的起源甚早，可以推进到与游牧民族的起源共存，只要有茶有奶，就可制成奶茶或酥油茶。虽然上古历史没有记载奶茶起源的时间，但必定与茶叶的流传有关。4000 年前的浙江余姚已经有古茶树的发现，巴蜀也在 3000 多年前进献茶叶给周武王，那么，边疆地区将煮好的茶加入牛羊奶中来喝，也是可以推断的文化创意。

新疆那拉提草原文化馆展示的草原民族饮茶方式，是用大桶水壶将红茶或茶砖煮开后，加上牛羊奶，成为奶茶，是日常生活中不可或缺的饮料。

草原民族逐水草而居，一杯温暖的奶茶，是他们最好的饮料。

6. 茶的文化创意

神农氏发现茶的药用功效以后，日常煮茶保健身体或作为饮料，都是可以理解的。将茶作为药用或饮料，都是中国人运用茶的文化创意。

在茶叶中加盐，或加入葱、姜、橘皮等配料煮成茶汤来喝，是茶的进一步创意。将茶煮成粥，成为茶粥，使得饮食方式扩大了范围。茶中加入牛奶或酥油，使得茶汤更有营养价值。

将煮茶改为泡茶，将末茶改为用一旗一枪的茶叶来冲泡，也是茶文化的一大创意，带动饮茶文化的进一步发展。

唐宋流行的斗茶，其实是一种制茶技术与泡茶艺术的比赛。斗茶讲究水痕的高低、泡沫的多寡，一心一叶（一枪一旗）的舒展浮沉，甚至也比茶汤颜色，唐宋时代以白色茶汤为佳（绿茶），红茶或普洱茶的浓郁颜色，是后来才流行的。

由于斗茶的盛行，带动制茶人与贩茶人要求制茶技术的进步，使得芽茶和一枪一旗的好茶不断出现。

贡茶与皇室茶园的出现，也带动了制茶文化的进步，唐宋年间在浙江、福建等地设置的御用茶园，甚至还有监制官员，都是促成茶文化不断进步的动力。

唐宋寺院的种茶、禅茶和茶道仪式，促使茶文化艺术价值不断地提升，饮茶遂从日常生活中的解渴向艺术境界提升到注意用好水好火点泡出好茶，陆羽以一生的时间撰写《茶经》，对茶文化的提升实在是功不可没。

朋友聚会品茶，僧众借着茶会品茶论道，也使生活更加有文化。最后将茶文化提升到禅悟人生的境界，产生许多有意义、可以激励人心的好诗文，更是茶文化的最高境界。

茶文化在社会各阶层普及后，成为一种商品，可以制成耐藏的茶饮料，也可以冲泡摇激成泡沫红茶，或新加坡的印度拉茶。奶茶中加入小小粉圆，变成风动一时的珍珠奶茶。茶叶中加入各种香气或口味，可以形成花茶或英国伯爵茶。

将茶叶加入餐饮中，可以形成茶餐。例如，西湖龙井茶可以用来炒虾仁，成为可口的龙井虾仁。将茶叶用来熏鸡，成为茶叶熏鸡。茶叶与鸡肉或海鲜同煮，可以成为三杯茶鸡或三杯小卷。

绿茶磨成粉，成为绿茶粉，可以冲泡抹茶，也可以煮成绿茶茶冻。加入面粉制饼，成为茶饼。绿茶粉加上宣传，成为养生食品。这些都是茶的文化创意，只要动动脑筋想一想来创新，无限机会在眼前。

几千年来，在爱茶人的不断推进之下，茶文化已经发展到一个无限可能的境界，让人有无限的憧憬和希望，大家一起来为茶文化的美好明天喝杯好茶吧。